ISSUE DRIVEN

議題思考

用單純的心面對複雜問題，交出有價值的成果，看穿表象、找到本質的知識生產術

イシューからはじめよ
知的生産の「シンプルな本質」

原書名《麥肯錫教我的思考武器》

安宅和人
Kazuto ATAKA

郭菀琪 譯

經營管理 155

議題思考：用單純的心面對複雜問題，交出有價值的成果，看穿表象、找到本質的知識生產術

（原書名《麥肯錫教我的思考武器》）

作　　者　安宅和人（Kazuto ATAKA）
譯　　者　郭菀琪
封面設計　陳文德
企畫選書人　文及元
責任編輯　文及元
行銷業務　劉順眾、顏宏紋、李君宜

總 編 輯　林博華
發 行 人　凃玉雲
出　　版　經濟新潮社
104台北市中山區民生東路二段141號5樓
電話：（02）2500-7696　傳真：（02）2500-1955
經濟新潮社部落格：http://ecocite.pixnet.net
發　　行　英屬蓋曼群島商家庭傳媒股份有限公司城邦分公司
104台北市中山區民生東路二段141號11樓
客服服務專線：02-25007718；25007719
24小時傳真專線：02-25001990；25001991
服務時間：週一至週五上午09:30~12:00；下午13:30~17:00
劃撥帳號：19863813　戶名：書虫股份有限公司
讀者服務信箱：service@readingclub.com.tw
香港發行所　城邦（香港）出版集團有限公司
香港灣仔駱克道193號東超商業中心1/F
電話：852-25086231　傳真：852-25789337
馬新發行所　城邦（馬新）出版集團 Cite (M) Sdn Bhd.
41-3, Jalan Radin Anum, Bandar Baru Sri Petaling,
57000 Kuala Lumpur, Malaysia.
電話：603-90563833　傳真：603-90576622
讀者服務信箱：services@cite.my
印　　刷　宏玖國際有限公司
初版一刷　2012年10月5日
二版一刷　2019年4月23日

城邦讀書花園
www.cite.com.tw

ISBN：978-986-97086-7-8

定價：360元

Printed in Taiwan

〈出版緣起〉

我們在商業性、全球化的世界中生活

經濟新潮社編輯部

跨入二十一世紀，放眼這個世界，不能不感到這是「全球化」及「商業力量無遠弗屆」的時代。隨著資訊科技的進步、網路的普及，我們可以輕鬆地和認識或不認識的朋友交流；同時，企業巨人在我們日常生活中所扮演的角色，也是日益重要，甚至不可或缺。

在這樣的背景下，我們可以說，無論是企業或個人，都面臨了巨大的挑戰與無限的機會。

本著「以人為本位，在商業性、全球化的世界中生活」為宗旨，我們成立了「經濟新潮社」，以探索未來的經營管理、經濟趨勢、投資理財為目標，使讀者能更快掌握時代的脈動，抓住最新的趨勢，並在全球化的世界裏，過更人性的生活。

之所以選擇「經營管理—經濟趨勢—投資理財」為主要目標，其實包含了我們的關注：「經營管理」是企業體（或非營利組織）的成長與永續之道；「投資理財」是個人的安身之道；而「經濟趨勢」則是會影響這兩者的變數。綜合來看，可以涵蓋我們所關注的「個人生活」和「組織生活」這兩個面向。

這也可以說明我們命名為「經濟新潮」的緣由——因為經濟狀況變化萬千，最終還是群眾心理的反映，離不開「人」的因素；這也是我們「以人為本位」的初衷。

手機廣告裏有一句名言：「科技始終來自人性。」我們倒期待「商業始終來自人性」，並努力在往後的編輯與出版的過程中實踐。

目錄

議題思考

イシューからはじめよ：知的生産の「シンプルな本質」

第四章

前言

Issue Driven：交出有價值成果的知識生產術，有何共通點？

我至今所見識過的「具有高生產力的工作者」都有一個共通點，那就是他們「做一件工作的速度並非比一般人快十倍、二十倍」。因為發現了這項特性，於是我花費了相當長時間去探尋「究竟他們有什麼不一樣的地方？」「『交出有價值成果的知識生產術』的本質究竟是什麼？」這些問題的答案。

到目前為止，我在管理顧問公司麥肯錫（McKinsey & Company）擔任管理顧問長達十一年的時間，途中曾經離開職場，以「志在成為科學家」為出發點，赴美攻讀神經科學（neuroscience）博士學位，之後再回到職場。當時，我有另一個發現，那就是無論屬於職場還是科學界，「交出有價值成果的生產技術具有共通點」。

有一次，我將這樣的內容寫在個人部落格（http://kaz-ataka.hatenablog.com/），竟然引發始料未及的回響。我在某個周末早晨寫下的文章，瀏覽人數高達數千次。由於我當初只是隨興寫寫，而且內容不是那麼平易近人，因此，收到這麼大的回響，老實說我很吃驚。而且，收到的留言多數是「我終於懂了！」「我想知道更多！」這類的回應。那時候我覺得「說不定分享這樣的內容，可以幫助許多人」，這就是促成我寫本書的動機。

坊間充斥著以「解決問題」或「思考術」為主題的書。不過，其中大部分是介紹工具和技巧；不過，以「產出真正有價值的成果」為觀點所寫的書，似乎很少。對於那些必須在期限內產生有意義成果的人而言，必須思考的事情究竟是什麼？就是本書的內容。

本書中也會介紹幾項關鍵的思考方式，可是，並非只是單純地介紹實作技巧（know-how），而是定位在工具箱，以協助讀者完成真正該做的事。「邏輯樹」（logical tree）、「彼此獨立、互無遺漏」（MECE，mutually exclusive and collectively exhaustive，發音為mee-see）、「架構」（framework）等，每一項只要正確使用，都是強有力的工具，但光是知道這些工具，並不能就此找到答案。有句話說：「如果你手上只有槌子，任何事物看起來都像釘子。」（If all you have is a hammer, everything looks like a nail.），雖然是種比喻，不過確實點破了弄不清楚目的而單純使用工具是很危險的事情。「輸出（output）的意義，在於產生什麼成果」，從工具下手，根本無法引導出這個答案。

那麼，究竟什麼是真正的關鍵？

那正是本書標題所提出的「議題」（issue）。

「議題是什麼？」關於這一點，我將以這本書的內容詳細說明。事實上，關鍵就在於針對「要對什麼找出答案？」這件事情胸有成竹，並且果斷採取行動。了解議題並從議題思考出發，可以讓計畫進度大幅提升，還可防止發生混亂。看不見目的地的行動，會感覺很辛苦，但只要看見終點，力量就會湧現。交出有價值成果的知識生產術，目的地就是「議題」。

我希望透過本書能讓讀者了解。為了「交出有價值成果的知識生產術」，這個議題發揮什麼功效？有什麼功能？該如何區分議題？以及如何處理議題？

「所謂『交出有價值成果的知識生產術』，究竟要做些什麼呢？」
「所謂論文，究竟要從什麼開始思考呢？」
「所謂問題解決的計畫，該如何進行呢？」

無論是企業人還是科學家，希望本書能給那些為「總是無法掌握每天工作或研究中所發生問題的本質」而焦躁不安的人，一點提示。

不要煩惱：有時間煩惱，不如花時間思考

「煩惱和思考，究竟有什麼不同？」

我時常問年輕人這個問題，如果是你，會怎麼回答？

我認為煩惱和思考，有下述二項不同之處。

「煩惱」是以「找不出答案」為前提「假裝思考」。
「思考」是以「能夠找出答案」為前提，有建設性地真正思考。

思考與煩惱看起來很像，但是，實際上完全不同。

所謂「煩惱」，是以「沒有答案」為前提，無論多麼努力都只會留下徒勞無功的感覺。我認為除了人際關係的問題，像是伴侶或家人朋友之間，「與其說找不找得出答案，不如說其價值在於從今以後繼續面對彼此的這件事」之類的問題另當別論，除此之外，所有的煩惱都是沒有意義的（話雖如此，畢竟煩惱是人的天性，我並不是討厭會煩惱的人……）。

尤其是如果為工作（包含研究在內）煩惱，那實在太傻了。

所謂工作，是「為了交出什麼成果而存在」，做那些「已經知道不會產生變化的行動」，只是浪費時間而已。如果沒有認清這一點，很容易誤將「煩惱」錯認為「思考」，寶貴的時間就這麼流逝。

因此，我總是提醒自己周遭的人：「一旦發現自己正在煩惱，就馬上停住、立刻休息。並且培養能夠察覺自己正在煩惱的能力」。原因是：「以你們這麼聰明的頭腦，不只十分認真，而是超級認真地思考，如果仍然想不明白，就請先停止思考那件事會比較好。因為，你很可能已經陷入煩惱了。」雖然乍看之下可能會覺得很無聊，但意識到「煩惱」和「思考」的差別，對於想要「交出有價值成果」的人而言，是非常重要的事情。畢竟在職場與研究中，需要的是「思考」，自然必須以「能夠找出答案」為前提。

「不要煩惱」，是我在工作上最重要的信條。聽過我這個觀念的年輕人之中，大多數的人從了解這句話的真正意義而且進入實踐階段，需要花上一年的時間。可是，在那之後，大部分的人都告訴我：「安宅先生教我們的事情當中，『不要煩惱』這一點最深奧。」

思考的盛宴：當神經科學遇到行銷學

我想，正式進入本書內容之前，我想先讓各位讀者了解我這個人，也許可以讓各位比較容易了解這本書的內容；所以，容我在此簡單地自我介紹。

我在麥肯錫服務約十一年，長期以來都在消費者行銷領域擔任管理顧問。曾擔任公司內部新進顧問的教練，指導問題解決與圖表製作等。

其實，當初我會進入麥肯錫工作，真的是非常偶然的機會。

我在童年時期就想要當科學家，高中開始將關注力都集中於人的「感知」（perception），對於「為什麼人即使經歷相同的經驗，卻有不同的感覺？」這件事情非常有興趣，為了追尋這個問題的答案而進入研究所，使用腦神經細胞的DNA進行研究。不過，我也逐漸開始質疑：「光看DNA，是否真的可以到達我所追尋的答案呢？」那時，碰巧看見學校公布欄上有麥肯錫的徵人消息，在招募研究員（類似實習生），於是就去應徵。

可能「怪人」（我）與「怪公司」（麥肯錫）投緣吧？我順利通過面試、開始工作，馬上就受到麥肯錫以有系統的方式整理問題解決的精神感召，而且覺得這與我自己所嚮往的科學世界也很接近，加上體驗到工作樂趣，於是決定不讀博士班，選擇在拿到碩士學位、從研究所畢業後，就直接進入麥肯錫工作。

我很幸運，進入麥肯錫之後負責消費者行銷，與我關注的「人的感知」有密切的關係，即便不是進行腦科學研究，但因為接觸實際的人們，可以明瞭人的感知受什麼影響而起心動念。

當時在麥肯錫工作時，過著相當「刺激」的日子；不過，我仍然一直有「想回到科學界」的想法。心想：「照這樣工作下去，如果一直沒有取得博士學位，恐怕會後悔一輩子……」。

進入公司後第四年時，我突然有強烈的念頭，開始準備重回校園進修；加上大學時代恩師的推薦，決心從麥肯錫離職、赴美進修。可能也是因為我特殊的經歷奏效，成功進入以神經科學研究領域享有盛譽的美國耶魯大學（Yale University）。

在研究所要具備英文能力（為了不被當掉）、維持像樣的成績，這樣已經很辛苦，更慘的是必須選擇實驗室（研究室）。學校有一個稱為「輪番研究」（rotation）的制度，必須在三個實驗室各待滿一學期以上做研究。不過，我在第三個實驗室原本打算開始進行取得博士學位的研究，但是，卻和指導教授吵架，就從那邊跑出來。

當時已經留美二年半左右，好不容易為了取得學位而再次跑遍大學內各研究室的結果，進入一位新進教授的實驗室。新進教授躍躍欲試，但還沒有指導學生的經驗，我挑戰的是風險很高的題目，沒想到一舉成功。在開始研究一年之後，聽到學位審查委員會的教授們對我說：「You are done!（你已經可以畢業了！）」

一般來說，完成論文取得博士學位，平均需要六至七年，我之所以能夠以三年九個月的時間過關，一半是好運，剩下的一半，絕對必須歸功於在麥肯錫工作時，所受的思考訓練以及問題解決技巧。

當時原本以為這輩子就這樣當個科學家過完一生，但是，人生際遇真是無法預測。

二〇〇一年九月十一日，美國發生九一一事件。當年我住在距離曼哈頓車程約三十分鐘的地區，之後搭車經過往曼哈頓的橋時，平時看慣的雙子星大樓已不存在。搭乘地鐵時，總會遇到有乘客忍不住啜泣，連同其他的乘客也受到影響哭出聲來；每天過著意想不到的怪異生活，導致健康失調。因為還有家人的緣故，於是決定回到日本，並且重返麥肯錫工作。

再次回到麥肯錫工作，同時兼負公司內部教育訓練。二〇〇八年，因緣際會轉職到日本雅虎（Yahoo! JAPAN）擔任營運長，在處理各種經營管理的課題之間，努力以顧客觀點創新服務。

這段自我介紹有點長，但如實呈現我到目前為止的人生縮影。我希望能將身為科學家、管理顧問和營運長，融合三種職場體驗，整合這些不可思議的經驗與現身說法，將真正重要的精華傳授給各位讀者。

那麼，開始吧！

序章

本書的思維

——脫離事倍功半的「敗犬路徑」

一位科學家一生可用於研究的時間極其有限，然而，世界上的研究主題則多得數不清。如果只因為稍微覺得有趣就選擇做為研究主題，將在還沒有空做真正重要的事時，一生就結束了。

——利根川進

利根川進：生物學家，一九八七年諾貝爾生醫獎得主。引述摘自《精神與物質——分子生物學可解開生命謎題到什麼程度》（暫譯，原書名『精神と物質——分子生物学はどこまで生命の謎を解けるか』，利根川進、立花隆合著，文藝春秋出版）

捨棄常識

本書中所介紹的「從議題開始」的思維，與世間一般的想法會有很大的落差。最重要的就是要先「捨棄一般常識」。以下試著舉出本書中具代表性的幾個思維。現在也許會讓你覺得「咦？」但是，當你讀完本書而且親自實踐之後，相信我，你一定會點頭贊同這些思考方式。

- 「解決問題」之前，要先「查明問題」
- 「提升答案的品質」不夠看，「提升議題的品質」更重要
- 不是「知道愈多愈聰明」，而是「知道太多會變笨」
- 與其「快速做完每一件事」，不如「刪減要做的事」
- 與其計較「數字多寡」，不如計較「到底有沒有答案」

句子的前半是一般思考，句子的後半就是本書要介紹的「議題思考」。各位讀者只要先了解，這與單純從「為了提升生產力而重視效率」這個解決方式（也就是與所謂「提升效率的技術」）有所不同即可。

何謂有價值的工作？

為了提升生產力，最先應該思考的是所謂「生產力」究竟是什麼呢？從維基百科（Wikipedia）查到的結果是「在經濟學中，生產要素（勞動及資本等）對於生產活動的貢獻度。或者由資源產生附加價值時的效率」，但這個說明還是讓人摸不著頭緒。

在本書中所說的「生產力」定義很簡單，就是「以多少的輸入（input）（投入的勞力及時間），產生多少的輸出（output）（成果）」。以算式表示，則如【圖表1】所示。

若想提高生產力，就必須事半功倍，刪減勞力和時間但交出相同的成果；或者必須以相同的勞力和時間產出更多的成果。到此為止，相信

【圖表1】生產力的公式

$$\text{生產力} = \frac{\text{輸出}}{\text{輸入}} = \frac{\text{成果}}{\text{投入的勞力及時間}}$$

各位讀者都可以一目瞭然。

那麼，究竟什麼是「更多的輸出」呢？換句話說，對於企業人而言，就是能夠確實產生對價關係；對於研究者而言，可以收到研究費的那份「有意義的工作」，究竟是什麼呢？

在我曾經任職的麥肯錫，將這種「有意義的工作」稱為「有價值的工作」。對於專業工作者來說，清楚地意識到這一點是很重要的。所謂專業工作者，就是指不僅要具備經過特別訓練的技能，更要以該技能從顧客那方取得對價，同時提供有意義的輸出（成果）。也就是說，如果不知道「有價值的工作究竟是什麼？」這個問題的答案，根本就無法提高生產力等。

請各位花一分鐘左右的時間，冷靜地仔細思考。

對於專業工作者而言，所謂有價值的工作是什麼？

怎麼樣呢？

我至今向許多人問過這個問題，但是，能回答我明確答案的人並不多。時常聽到的是類似以下的答案：

- 高品質的工作
- 仔細的工作
- 沒有其他人能夠勝任、無人能取代的工作

這些答案雖然也算部分答對，但都無法說切中本質。

所謂「高品質的工作」，只是將「價值」換成「品質」而已。那麼，一旦問起「品質是什麼？」就回到原來的老問題。對於「仔細的工作」也是一樣，若說「只要是仔細的工作，無論什麼工作都是有價值的」，恐怕有很多人會不贊同吧？最後一個「沒有其他人可以勝任的工作」，乍看之下似乎很正確，但請再仔細想想。所謂「沒有其他人可以勝任」，通常都是些幾乎不具價值的工作，正因為沒有價值，所以才沒有人會來做。

「高品質／仔細／沒有其他人能夠勝任」這些答案，其實連問題本質的邊緣都沒沾上。

「有價值的工作究竟是什麼？」

依據我的認知，「有價值的工作」是由雙軸構成。

第一條軸是「議題度」，第二條軸是「解答質」。以「議題度」為橫軸、以「解答質」為縱軸所展開的矩陣如【圖表2】。

「議題」（issue）這個詞，在本書的「前言」中也有提到，但也許有些人並不熟悉。以「issue」的日文片假名為關鍵字搜尋時，也許可以找到的說明不多，但以英文「issue」搜尋，則會找出許多定義。我在此所說的「issue」，是符合【圖表3】的定義。

在滿足A與B雙方的條件下，才是issue。

因此，我認為的「議題度」是指「在自己所身

【圖表2】 價值矩陣

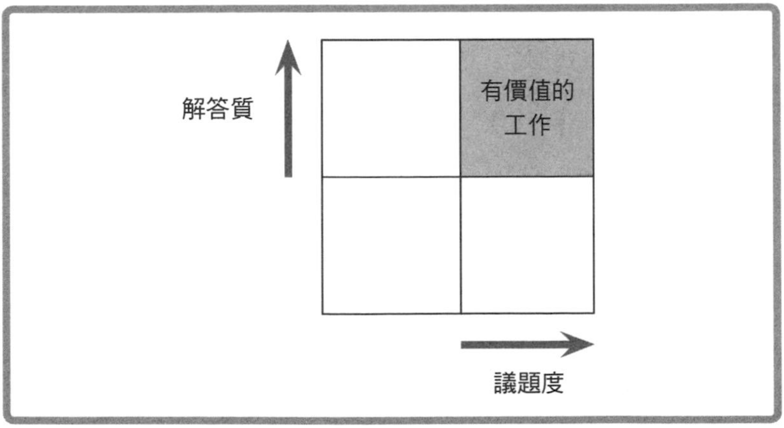

處的局面下，對於該問題要找出答案的必要程度有多高」，然後「解答質」是指「對於該議題度，目前能夠提供明確答案的程度」。

【圖表2】價值矩陣的右上象限，涵蓋的內容屬於「有價值的工作」，愈靠近右上方價值就愈高。如果想從事有價值的工作，所處理主題的「議題度」與「解答質」都必須雙雙提高。如果想要成為擔任解決問題的專業工作者，時常將價值矩陣納入思考是很重要的事情。

多數人認為，工作的價值取決於矩陣中的縱軸「解答質」，卻忽略橫軸的「議題度」，也就是不大注意「課題質」。然而，如果想從事有價值的工作給人好感或想藉此賺錢，這個「議題度」才是更重要的。

原因在於對於「議題度」低的工作，即使提高其「解答質」，從受益者（顧客、客戶、評價者）的角度來看，價值仍然等於零。

【圖表3】 issue的定義

A）	a matter that is in dispute between two or more parties 二個以上的團體之間懸而未決的問題
B）	a vital or unsettled matter 與本質相關或無法清楚分辨是非黑白的問題

千萬不可踏上窮忙的「敗犬路徑」

那麼，該如何才能達成「有價值的工作」，也就是矩陣右上方區域的工作呢？無論是誰，工作或研究都是從左下方區域開始。

在這裡絕對不可以犯的大忌，就是「打定主意進行大量工作，朝向右上方前進」。這條「藉由勞力、蠻力往上走，取道左邊以到達右上方」的解決問題方式，我稱之為事倍功半的「敗犬路徑」（詳見【圖表4】）。

下列這段話很重要，請仔細研讀。

世上大部分被稱為「可能是問題」的「問題」，事實上，幾乎都不是商業或研究上真正有

【圖表4】 敗犬路徑

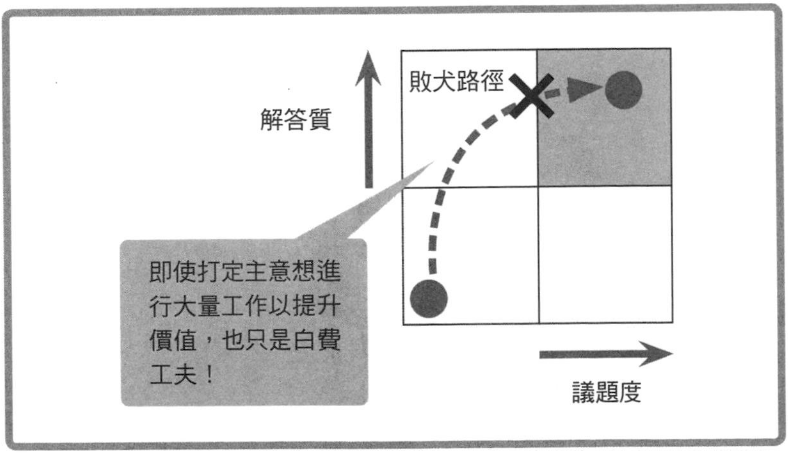

必要處理的問題。如果全世界被稱為「可能是問題」的「問題」共一百個，則在當下應該要清楚判斷出是非黑白的問題，頂多只有二或三個左右而已。

對於矩陣中橫軸「議題度」低的問題，無論多麼努力而拚命擠出解答，終究不能提高其價值，只流於窮忙而已。這種「只要靠努力（勞力）和耐力（蠻力）就能得到回報」的工作方式（自認「沒功勞也有苦勞」），將永遠無法到達右上方「有價值」的區域。

另一個變數是縱軸「解答質」，我們也來思考看看。

這也是在工作剛開始的時候，一般都屬於在較低的區域。到目前為止，我看過許多人在職場中的成長過程，大多數的情況，都是在初入職場的一百件工作當中，只有一或二件開花結果。

以前的我也是一樣，現在想起剛進麥肯錫工作時的第一個專案，每天都做一大堆分析，然後畫出十至二十張左右的圖表。在專案進行的幾個月之內，我就畫了五百張左右的圖表，但是，最後放進報告裡的卻只有五張而已。如果計算「最終輸出的產出率」，只有百分之一。橫軸「議題度」是由上司嚴格評估，這麼一來，我所處理的縱軸「解答質」的成品率就只有百分之一。

因此，不經思考就悶著頭工作，至少不可能到達「議題度」和「解答質」都很高的境界，以【圖表5】表示這個概念，右上方象限中，橫軸「議題度」和縱軸「解答質」交集之處，就是所謂「有價值的工作」。由於這是百分之一左右的成功率，所以算起來要完全符合的機率只有百分之零點零一，也就是說一萬次的工作中，只有一次像樣的工作。

這麼一來，將永遠無法產生「有價值的工作」，也無法造成改變，只會留下窮忙一場的感覺罷了。而且當

【圖表5】 未經訓練狀態下，「議題度」和「解答質」的分布示意圖

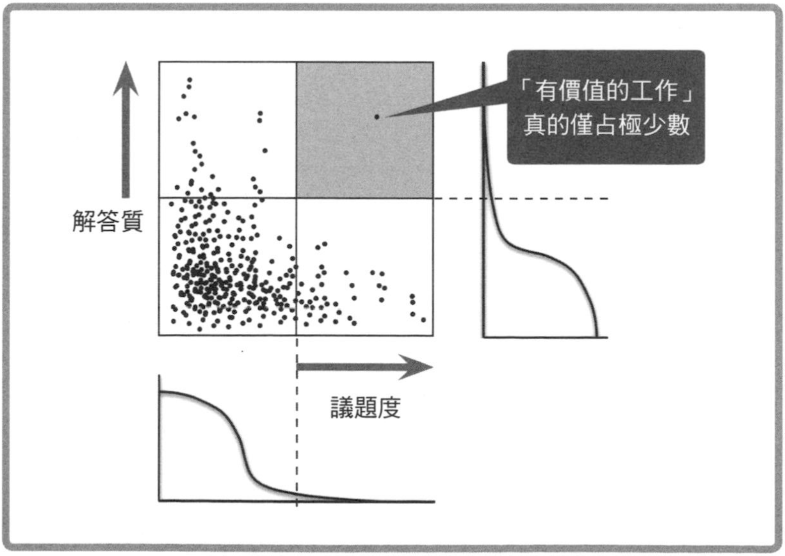

大部分工作都以低品質的輸出含混帶過時，工作會很粗糙，很可能將變得無法產生高品質的工作。也就是一旦步上「敗犬路徑」，極有可能將來成為「失敗者」（敗犬）。

雖然可能你擁有超乎常人的體力與耐力，即使透過「敗犬路徑」也能成長。然而，充其量也只能如此，到了你成為主管時，也一樣教導部屬以努力和蠻力工作，但是，你終究無法勝任領導者的角色。畢竟，只靠努力與蠻力，想要到達右上方「有價值的工作」區域幾乎是不可能的事情。而且，一旦踏上「敗犬之路」，等於宣告你根本不可能擔任領導者。

如果真的想要接近右上區域，應該採取的解決方式極其簡單明快。首先，提升橫軸「議題度」，然後提升縱軸「解答質」。也就是採取與「敗犬路徑」相反、取道右邊的解決方式。一開始，鎖定商業與研究活動中有意義的部分，也就是「議題度」高的問題。

即使無法在一時之間馬上直接鎖定核心問題，也應該將範圍縮小到十分之一左右。如果是初入職場的社會新鮮人或是研究所新生，無法進行這項判斷，可以請教自己的上司或研究室的指導老師：「我所想到的問題中，真正具有在當下找出答案價值的問題是什麼？」一般可以進行這項判斷的應該是上司或指導老師。藉由這個步驟，可以鎖定真正的問題，輕易地將聚焦於一個最重要問題的時間多出十至二十倍。

然後，在縮小後的範圍中，從「議題度」特別高的問題開始著手。這時候，千萬不能受到「解答難易度」或「處理難易度」這些因素所左右，總之就是要從「議題度」高的問題開始。

由於在未經訓練狀態下的輸出會分布如同【圖表5】，為了提高「解答質」，首先必須針對各個議題確保充分的討論時間。

我以前也是這樣，一開始受到批評「品質太差」、「沒有達到需要的水準」等，也無法實際體會其中的意思。可是，藉由針對縮小範圍後的議題重複檢討與分析，大約數十次當中會有一次左右表現得還不錯。一個人想做「好的工作」，就必須從旁人得到「好的回饋」，才能學到什麼是「好的解答質」。累積成功體驗，逐漸抓到訣竅，進而超越固定水準而做出「可以用」的解答的機率，將會從十次中有一次，然後變五次中有一次，逐漸提高成功率。

讀者們應該已經知道，為了達成這個解決方式，無論如何一開始的步驟，也就是縮小範圍於「議題度」高的問題，即使要多花費時間也勢在必行。如果貿然地「這也做，那也做」根本無法成功。即使抱持必死的決心工作，也終將無法因此而學會工作。「反正就是先做到死再說」的這種想法，在「從議題開始」的世界中是不需要的態度，甚至是有害的。中斷沒有意義的工作，才是重要的。

即使每天練習兔子跳，也無法成為棒球選手鈴木一朗（按：鈴木一朗為了鍛鍊下盤與腳力，每天練習兔子跳；作者以此比喻沒有弄清楚真正的問題），因此，集中處理「正確的問題」這種「正確的訓練」，才是邁向成功的關鍵（詳見【圖表6】）。

如何具備事半功倍的高效生產力？

在了解「有價值的工作」的本質之後，接著就來思考看看它的產生流程，換句話說，就是具有高生產力的人都是如何處理這部分的。

首先，先試想沒有經過思考就進行工作或研究，究竟會如何。

例如在從星期一至星期五，以五天時間針對

【圖表6】 脫離「敗犬路徑」

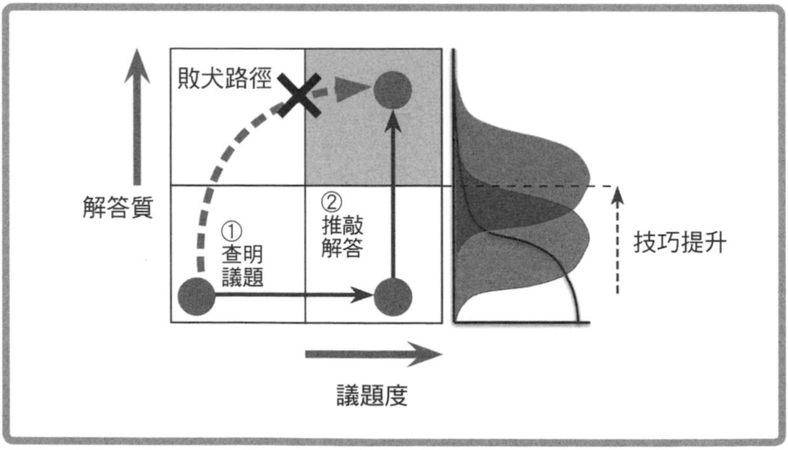

某項主題需要統整出一些內容，各位讀者是不是時常會發生以下的情況呢？

星期一　因為不知道方法而一籌莫展
星期二　仍然焦頭爛額
星期三　暫且先到處蒐集可能有用的資訊及資料
星期四　繼續蒐集
星期五　淹沒在堆積如山的資料中，再次陷入一籌莫展、焦頭爛額的困境

那麼，達到交出高價值、高效能成果的高生產力，也就是「從議題開始」的解決方式，究竟是怎麼做的呢？如果是必須在一星期之內就必須要有輸出（交出成果）的案件，分配如同【圖表7】的流程。括弧內是本書中進行說明的章節。

話雖如此，無論累積多少經驗，也很難只進行一次就突然產出高水準的輸出。重要的是將這個循環「迅速繞完，並繞過多次」。這才是提高生產力的關鍵。當繞過一次循環，可以看出更深一層的論點，再以其為基礎進行下一個循環。

【圖表7】「從議題開始」解決問題的方式

階段	說明	圖	時程
議題思考（第一章）	現在真正應該找出答案的問題＝查明「議題」	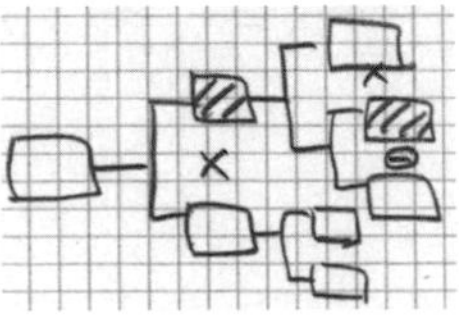	星期一
假說思考①（第二章）	在議題得到解答之前先將之切碎（分解），再根據碎塊整理故事線		星期二
假說思考②（第三章）	描繪所需的輸出意象並設計分析，用以驗證故事	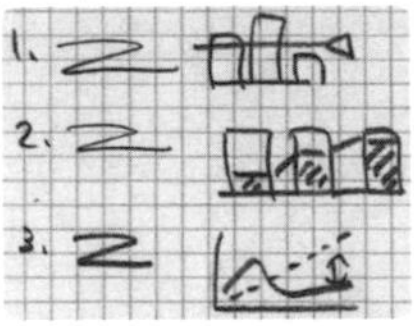	星期二
成果思考（第四章）	立足於故事的架構，依序驗證	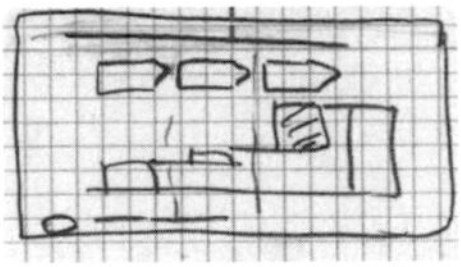	星期三 星期四
訊息思考（第五章）	琢磨論點根據與構造，並整理成簡報或論文		星期五

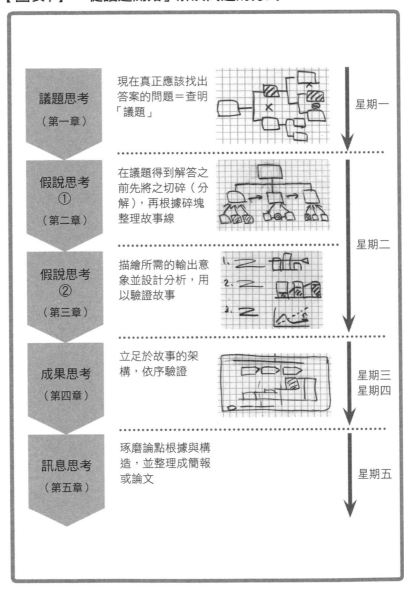

思考，不要用蠻力；工作，不能只靠勞力

根據我的經驗，對於一起工作的年輕人，我時常建議的還有一件事，那就是「千萬不要用蠻力」。

工時長短根本不是重點，重點在於只要交出有價值的輸出（成果）就好。例如，就算一整天只工作五分鐘，只要按照預定，甚至比預定早一點交出所約定的成果，就沒有任何問題了。那些所謂「我拚命工作」、「我又熬夜了」的努力方式，在這個追求「有價值工作」的世界裡，根本沒有必要。最慘的類型是時常加班或假日也上班，周遭人卻認為這個人「交出這種程度的成果，應該用正常的上班時間就夠了吧？」

連我也一樣，二十多歲剛進入職場時，總要工作到快崩潰的程度，才有做了工作的感覺，白費了相當多的時間。雖說年輕時體力充沛，像那樣的工作方式，也算有讓心情愉快的好處；說穿了，只不過是自我陶醉而已，所謂的收穫可能也只是了解自己體力的極限。事實上，成長只有在確實產生出有意義的成果（輸出）之後才能獲得。若能持續有價值的工作，並維持品質，就算「偷工減料」也完全不成問題。如果是問人可以解決的事，找人問就好；

如果有比現在更簡單的方法可以完成，就該換個方式處理。

像這樣該以時間基礎做考量，還是該以輸出（成果）為出發點做考量，就是「勞動者」與「工作者」的差異，以現代的詞彙來說，則是「受薪族」與「企業人」，甚至可說是「上班族」與「專業人士」的差異。

以體力謀生的勞動者，原意是指對於進行特定作業的有限時間給予薪資的勞工。現在的詞彙中，受薪族是以工作時間為計算基礎領薪水的人，其中有許多部分與勞動者相同。伴隨受薪族這個詞彙含有「加班與加薪的談判」的概念，而這些概念也幾乎與勞動者都相同。

所謂企業人雖然是受雇於公司，但本來的意思是指經營者、管理者或領導者。就算有出缺勤管理，但本質上不是以勞動時間為基礎，而是對於透過管理活動與日常商業活動進行的輸出（成果）負責，並藉以獲得肯定。

而所謂的專業人士，是指擁有基於特地訓練所具備的相關技能，並負責基於該技能提供特定價值，而由特定顧客獲得報酬的人。由於所提供的畢竟是對顧客而言的價值，即使是以時薪計費的律師或顧問，其對價仍依各自的技能水準而異，也就是說，各自存在所帶來的價值大小而有很大的差異。

本書中，將「工作到崩潰為止」、「以勞動時間取勝」歸類為勞動者的思維，只要抱持這種想法，就無法成為「高價值、高效能的生產者」。如本書開頭所述「以相同的勞力與時間工作，能增加多少輸出？」這才是生產力的定義。

專業工作者的工作方式，與「勞動時間愈長賺的錢愈多」這種勞動者或受薪族的想法形成對比。不以勞動時間為訴求，而是藉由「造成變化的程度」獲取對價或肯定。或者可以說，存在的意義取決於「可產生多少有意義的輸出」。像這樣開啟專業工作者生存之道的開關，正是打下產生高生產力的基礎。

【作者的提醒】

細嚼慢嚥，切莫狼吞虎嚥

陷於表層邏輯思考的通病

最近這幾年遇見令我感覺「很聰明，但反應很制式，沒有深度可言」的人似乎增多了。也就是給人印象是對於所有的事情，都單純以表層資訊直接進行處理。這些人對工作可以快速上手、對答如流。可是，說起話來，就會令人不免擔心「究竟有沒有確實理解呢？」我想是因為理解力與同理心太低的緣故吧？

每次我指出這一點，對方就以很認真的表情問我：「我聽不懂，請解釋一下」。我就會不厭其煩地每次都詳細說明。因為我相信如果像這樣重複解釋一千次，其中可能就會有幾次能促成有意義的變化。

「用自己的頭腦去思考」

具有基本智慧的人只要經過正確的訓練，這件事並不是那麼難，對於任何事情並非照單全收，而要以基於自己的觀點建構世界觀，如果沒有認清每一個資訊的重要或層次構造與關連，必定遲早會遭遇困難。

只仰賴邏輯架構，而且思考既短淺又表層的人，是很危險的。

市面上可以看到很多介紹「邏輯思考」和「思考架構」等這些解決問題的工具，但很可惜的是，真正的問題，光靠這些工具是絕對無法真正解決問題。

在面對問題的時候，需要針對各項資訊以複合的意義層面深入思考。為了要能確實掌握這些資訊，不能只聽他人的說詞，而必須親自去現場掌握第一手的資訊。然後，更難做到的是，將如上述方式所掌握到的資訊「以自己的方式感受」，可是，大部分的書中卻幾乎都沒提到這一點的重要性。

「死守第一手資訊」是從我的前輩們傳授下來、被視為珍寶的教條之一。在現場接觸到資訊時，可以掌握有深度的資訊到什麼程度，正直接顯示出這個人的基礎實力，因為這些牽涉到他的判斷基準，或超水準的思考架構建構力，這不是一朝一夕之間可以培養的能力。智商或學歷雖高，卻不具智慧的人反而很多，我想應該就是因為忘記了這個能力的重要吧？

「深度理解」需要相當長的時間

頭腦只能認知腦本身認為「有意義」的事情。是否認為「有意義」，則取決於「至今遇過多少次類似事情是有意義的情況」而定。

有一個很有名的實驗，是「讓剛出生的小貓在只有直線的空間內長大，則那隻貓將看不見橫線」。結果，將那隻貓放在方形的桌子上，貓將因為看不見桌緣的橫邊從桌面摔落。這就是受到一直以來所處理的資訊在腦裡形成的迴路所影響的案例，對於腦而言，「可以處理特定資訊」本來就是「產生特定的意識」，這也就是接近「活化對特定事情的資訊處理迴路」。

例如要製作某項商品策略的時候，不僅要蒐集市場及競爭者的資訊，也要對於商品製作過程、資材的調度、物流及銷售等都要有具體的概念，甚至需要有能力可以推測發生變化時所造成的影響，這樣才能做出正確的判斷。解決問題時，熟知組織的歷史或發展經過也是不可欠缺的。而為了要培養這些素養，就需要相應的時間；這一點在科學研究上也是相同的。現在已經知道的事、最近的發現與其中的意涵等等，是否能夠延著深度的前後脈絡（context）進一步了解對峙的問題，這才是一決勝負的開始。

希望本書的讀者們能夠成為仔細咀嚼資訊的人，也就是可以正確地理解各種意涵、價值和重要性的人。並且，希望各位讀者留意，千萬不要成為只以表面邏輯「假裝思考」的人。

第一章

議題思考

——解決問題之前，先查明問題

恩理科．費米（Enrico Fermi）對於數學也很擅長。若有必要，他也可以運用複雜的數學計算，但他首先會確認是否有那個必要，是以最小的努力與數學工具交出成果的高手。

——漢斯．貝特（Hans Bethe）

漢斯．貝特：美國物理學家，一九六七年諾貝爾物理學獎得主。

恩理科．費米：生自義大利的物理學家，一九三八年諾貝爾物理學獎得主。引述摘自《天才物理學家列傳》（*Great Physicists: The Life and Times of Leading Physicists from Galileo to Hawking*），威廉．H．克魯柏（William H. Cropper）著。

查明議題

本書序章中，曾說明為了不要走上事倍功半的「敗犬路徑」，正確地查明議題是很重要的事情。不要為了解決問題立即動手嘗試各種可能，而是直接從查明議題開始，才是最標準的做法。也就是從討論「對於『什麼』有找出答案的必要」開始，並以「為此必須先弄清楚『什麼』」的思考流程著手分析。即使分析結果與預設不同，最後成為有意義的輸出（成果）的機率仍然很高。因為如果找出對於「對往後的討論具有重大影響」的答案，無論在商業上或研究上都會有明顯的進步。

一般人看到問題，很容易首先就想「趕快找到解答」，但是，首先真正應該做的是判斷該解答問題本身，也就是「查明議題」。可是，這算是違反人類本能的問題解決法。還不知道具體內容的時候，就聽到「要明確表達最終想要傳達的是什麼？」這種命令，愈是認真思考的人，就愈會產生不愉快的反應。因此，「船到橋頭自然直，反正實際動手之後就知道該怎麼做」的想法橫行；如同大部分的人都經驗過的一般，這正是做白工、生產力低的解決方式。或者認為「不用實際動手做，自然而然就會知道」這種跳過查明議題步驟的想法，也一樣是造成失敗的元凶。

如果沒有先查明「對於什麼有找出答案的必要」這個議題之後再來處理問題，之後一定會產生混亂，目標意識變得模糊，而形成許多的白工。無論是在商業或研究，幾乎沒有由一個人獨自處理問題的情況吧？在團隊內部先針對「這是為了什麼而做？」統一共識，並先訂好「折返點」。如果一次無法完成，就多花幾次討論的時間。這個原則在企畫案進行當中也是一樣的。當生產力下降的時候，團隊整體要針對議題校準共識。折返回到基礎，整理一下「究竟這個計畫原本是要對於什麼找出答案的」。然後，在那個時間點也正巧可再次確認成員們是否還很有鬥志？所有人對於問題的理解是否相同？

你有沒有個人專屬的智囊團？

在工作或研究經驗尚淺時，我不建議一個人進行查明議題的工作。因為可能會有很多像是「如果可以驗證這個，表示我很厲害。」這種點子，但是，「對於資訊接收者而言，這個是否真的會有震撼力」的部分，只要不是對於這個領域具有相當深度認識的人，就不得而知了。而且，經驗不足的人，也不知道為了要證明自己想傳達的內容，需要做哪些分析或驗證吧？即使對上述內容都有充分了解，但若缺少實際上具有說服力加以驗證的方法，一切就毫無意義了。

要查明議題，就需要進行「實際上有沒有震撼力？」「能否以具有說服力的方式驗證？」「是否能夠傳達給所設定的接收者？」這些判斷，此時就需要某程度的經驗與「選擇力」。

在這樣的情況下，找個可靠的商量對象是最簡便快速的方式。這正是老練又有智慧的人，或對該課題領域具有直接經驗的人發揮知識見聞的時機。在管理顧問公司，在一個團隊中一定會加入資深顧問，而美國研究室中包含指導教授在內的學位審查委員會，就是發揮這樣的功能。就算不屬於特定組織的人，也希望能針對各個討論主題先找到可靠的商量對象。

就連一般企業人或學生也是，當在論文、報導、書籍或部落格等，找到所謂的「那個人」，請毫不猶豫提出見面或請益的邀約。另外，研究院、智庫之類的機構，也有許多可以洽談的專家。事實上，是否擁有這種「智囊團人脈」，正是表現傑出與平庸的人之間明顯的差異。

試擬假說

重要的是「自己的立場是什麼？」

關於議題的查明，很多人只做到「必須先決定類似這樣的事情」這種「整理主題」的程度便停止了，但這樣根本不夠。如果到展開實際討論之後，再次思考「議題是什麼？」時間再多也不夠。為了避免導致這樣的結果，就算勉強，也要事先建立具體的假說（hypothesis）是很重要的。絕對不要說「不試試看怎麼知道？」這種話。在這時候是否能夠站穩腳步堅持到底，對後續的影響將非常大。

為什麼呢？理由有三：

1. 針對議題找答案

原本就需要採取具體的立場，實際建立假說後，才能夠成為得以找到答案程度的議題。

例如「○○的市場規模現在究竟如何？」這種只不過是單純的「提問」。這時候，藉由建立「○○的市場規模是否正在逐漸縮小中？」的假說，才會成為得以找到答案的議題。也就是假說才能讓原本單純的提問，搖身一變成為有意義的「議題」。

2.知道所需的資訊及該做的分析

只要沒有提出假說，自己在討論的程度與所想找出答案的程度，就無法明確，甚至沒有發現上述內容是不明確的。建立假說才首度明瞭，真正所需的資訊及所需要的分析是什麼。

3.讓分析結果的解釋明確化

如果在沒有假說的情況下就開始分析，分析出來的結果究竟是否充分也將難以解釋，結果只是徒勞而無功。

我實際看過在日本的公司裡有說一聲「某某人，你先針對快要實行的新會計基準做一下調查」來分配工作的做法。可是，這樣究竟要查什麼事情到哪裡，要調查到什麼程度才好，根本令人搞不清楚。在這裡，正是假說登場的時機。

「在新會計基準下，我們公司的利潤是否有大幅下滑的可能性？」

「在新會計基準下，對我們公司利潤的影響是否達到一年一百億日幣規模？」

「在新會計基準下，競爭者的利潤也會改變，那我們公司的地位是否相對變差？」

「在新會計基準下，各事業的會計管理及事務處理上，是否有可留意的地方，讓負面影響降到最低？」

如果建立這種程度的假說交辦工作，受到委託的人自己也可以明確知道該調查什麼內容到什麼程度。藉由以包含假說的方式，讓該找出答案的議題明確化，如此一來，可大幅減少無謂的白工，如此一來，就能提高生產力。

寫下來或說出來：凡事都化為文字或言語

看見議題，並對其建立假說之後，接著就要化為文字或言語，寫下來或說出來。

當出現「這就是議題嗎？」「這就是要查明的地方嗎？」的想法時，立刻以文字或言語表達出來是很重要的。

為什麼要這麼做？那是因為要以文字或言語表達議題，才會讓「自己是如何看待這個議題」、「我想要弄清楚的是什麼和什麼的分歧點」更明確。如果沒有用文字或言語表達，不僅自己，就連團隊內部也會產生誤解，結果導致無可挽回的誤差與浪費時間的白工。

把準備徹底執行的議題與假說寫在紙上，或以電腦文件化為文字，聽起來也許會覺得理所當然，但是，大多數的情況下往往知易行難。如果深入追究為什麼無法以文字或言語表達的原因，結果會發現是因為查明議題與建立假說的方式不夠周全。藉由文字，就會知道「究竟想要說什麼」目前落實到什麼程度。化為言語時，一時語塞的地方，表示沒有找到議題所在。換句話說，這就是沒有提出假說就想直接著手進行的地方。

當我說出「落實用文字或言語表達議題」、「堅持將議題形諸文字或言語到病態的程度」這些話，許多人都很吃驚，好像認為我屬於「理工科系思考而且凡事分析的人」，因此對於從我口中聽到「要重視把概念形諸文字或言語」這種話，似乎很意外。

我想，這也是基於議題進行的思考本質受到誤解的部分。

如果不試著將議題形諸文字或言語，就無法統整概念。雖然「畫畫」或「圖解」也許對於掌握意象會有用，但是，要確實定義概念，就只能靠文字或言語（包含數學式、化學式）。文字和言語是跨越數千年，人類歷經淬鍊至今為止最少出錯的思考表達工具。在此強調，如果不使用文字或言語，人類很難以進行明確清晰思考。

「將議題形諸文字或言語」對於「視覺思考型」的人而言，尤其重要。

觀察世界上的人可以大致分為二種：「由視覺上的意象進行思考的類型＝視覺思考型」與「由文字或言語進行思考的類型＝言語思考型」。我是屬於典型的視覺思考型的人，由於日本人使用漢字，因此較多屬於視覺思考型。

視覺思考型對於言語思考型所說的內容大致可以理解，但是，言語思考型對於視覺思考型所說的內容則幾乎都無法理解。由於世界上屬於言語思考型的人占多數，所以視覺思考型的人對於自己想要處理的議題，如果沒有化為文字或言語，將大幅降低團隊的生產力。

我也是在剛進入職場的時候，雖然腦中浮現許多點子，卻無法將點子落實為文字或言語，無法順利傳達給周遭的人們，因而吃了很多苦。但是，當我有意識地反覆提醒自己「將議題化為文字或言語」之後，過了一段時期工作就變得很輕鬆。

聽起來好像很容易，一旦實際要執行，就會了解知易行難，這不是那麼簡單的事情。不用文字或言語明確表達，是許多人的思考習慣，所以我建議各位讀者，必須刻意練習自我訓練。

以文字或言語表達時的重點

在此先舉出一些利用文字或言語表達議題、假說時，必須注意的重點。

▼1.加入「主詞」和「動詞」

句子愈簡單愈好。因此，簡單又有效的方法就是「以包含主詞和動詞的句子表達」。日文中即使沒有主詞也可以成為句子，所以時常產生「發現事情進展當中，大家所想的都不一樣」的狀況。如果句中加入主詞與動詞的，就可以消除模糊不清的部分，瞬間大幅提高假說的準確度。

▼2.用WHERE、WHAT或HOW，取代WHY

議題的語言化還有一個祕訣，就是要注意表達的句型。

好的議題句型不是用「為什麼……？」這種「WHY」問句，大部分是採用WHERE、WHAT或HOW中的某一個的句型。

- WHERE……「哪一邊？」「目標該放在哪裡？」
- WHAT………「該做什麼？」「該避免什麼？」
- HOW…………「該怎麼做？」「該如何進行？」

「WHY＝為什麼？」這種句型中沒有假說，究竟是對於「什麼」想要弄清楚是非黑白並不明確。所以讀者們應該可以了解以「找出答案」的觀點整理之後，大多會採用WHERE、WHAT或HOW句型的原因。

▼3.加入比較的句型

在文句中加入比較的句型，也是不錯的想法。如果是需要查明「某某是A還是B？」的議題，與其用「某某是B」的句型，不如用「某某並不是A，而是B」的句型。

例如，有某個關於新產品開發方向的議題，與其說「該加強的是操作方式」，不如說「該加強的不是處理能力那種硬體規格，而是操作方式」這種句型，以對比的句子表達，對於什麼想要找出答案全都變得很明確。如果可以，請各位讀者一定要善用這個技巧。

成為好議題的三要件

關於「好議題」，我們再進一步深入思考。

所謂「好議題」，是可以讓自己或團隊振奮起來，而且其經過完整驗證的效果，更可讓接收者不禁讚嘆。像這樣的議題有三個共同點：

▼1.屬於本質的選項

好的議題必須是一旦找出答案，就會對其後討論的方向具有重大的影響力。

▼2.具有深入的假說

好的議題會具有深入的假說。其深入的程度，到達一腳踏入一般人會質疑「要選擇立場表態到這個程度嗎？」的地步。就是所謂包含「顛覆常識的洞察」，或以「新結構」解釋世間情況。這麼一來，當完成驗證時，任誰都會認同因此而產生的價值。

▼3.可以找到答案

也許讀者會發出「咦？」的疑問，在此強調，好的議題必須「確實可找到答案」。因為，這世界上「雖然重要卻找不到答案的問題」多得不得了。

接下來針對該「好議題的三要件」（【圖表8】）將做更詳細的介紹。

【圖表8】 好議題的三要件

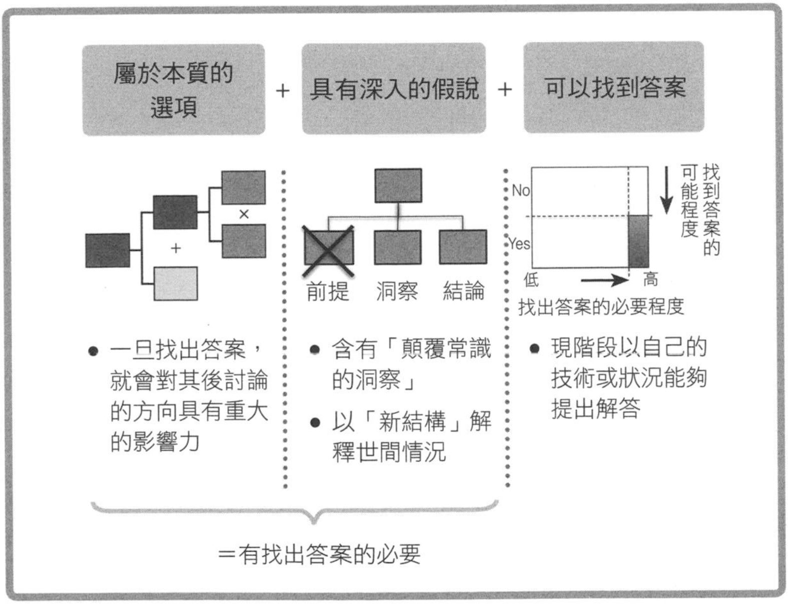
屬於本質的選項
+
具有深入的假說
+
可以找到答案
前提
洞察
結論
No
Yes
低
高
找到答案的可能程度
找出答案的必要程度
● 一旦找出答案，就會對其後討論的方向具有重大的影響力
● 含有「顛覆常識的洞察」
● 以「新結構」解釋世間情況
● 現階段以自己的技術或狀況能夠提出解答
＝有找出答案的必要

要件① 屬於本質的選項

具有震撼力的議題總會牽涉某種本質的選項。必須是「往左還是往右」這種結論會形成重大意義上改變的事情，才能稱為議題。也就是說「本質的選項＝關鍵的問題」。

在科學領域中，大型議題多數都很明確。

在我所主攻的神經科學界，十九世紀末的大型議題之一就是「所謂腦神經是如網絡般相連接的巨大結構？還是具有某個長度為單位的集合？」後來，由神經科學之父聖地亞哥．拉蒙．卡哈爾（Santiago Ramony Cajal，一九〇六年諾貝爾生醫獎得主）釐清的結果，證實是「具有某個長度為單位的集合體」，現在該基本單位稱為「神經元」（neuron，或譯為神經細胞）。在科學界其它也有幾個大型議題，像是自古聞名的「天動說與地動說」，還有最近在印尼的洞窟內發現一種叫做「佛羅勒斯人（*Homo floresiensis*）」的矮小人種，與現代人類系統是否是相關等。具備選項，而且隨著選擇哪一方的決定，將對於未來的研究有重大影響，這才是好的議題。

那麼，在商業界的情況又是如何？

以某食品商在檢討「商品A不暢銷」的原因為例，請大家想想看。大多數的時候，一開始會提出的主要議題之一，大概是「究竟是『A不具備商品力』，還是『A雖然具備商品力，但銷售方法不好』」。因為隨著選擇哪一方，將大幅改變其後重新檢視策略的重點。

某連鎖便利商店在檢討「整體營業額下降」的情況，一開始會提出的議題之一，大概是「究竟是『店鋪數量減少』，還是『每一家店鋪的營業額下降』」。前者的課題就會是店鋪擴展速度或店鋪的撤店及加盟退出率，後者的問題在於展店及營運方式。

無論哪一個可能都會讓人認為「有道理」，但實際上大多數的案例，都無法像這樣將議題查明到這個程度。而是自認為「商品本身很好，是銷售方式不對」、「問題一定是出在於店鋪的擴展上」等，就貿然採取行動了。首先查明最大的分歧點是很重要的。要查明「本質的選項」，預先對於容易誤入「議題的陷阱」刻意保持警覺，也是很有效的方法。

▼如何分辨「假議題」？

在序章當中也曾提及，世上大部分被稱為「問題」，或是讓你想要查查看的「問題」，大多數都不是當下立即真正有必要找出答案的問題。重要的是，不要受到「假議題」迷惑。

例如某家飲料品牌長期業績蕭條，全公司一起檢討如何重新振作。此時經常會看到的議題選項是「是否該以現在的品牌繼續奮鬥下去」，還是「該更新成為新品牌」的問題。

可是，這時候，首先應該要弄清楚的是品牌蕭條的主要原因吧？如果不知道是「市場規模縮減」，還是「在與同行競爭中敗陣」，根本無從判斷「品牌方向的修正」究竟是不是議題。

如果市場規模縮減，通常在進行品牌的修正之前，必須先重新檢視所應設定的目標市場才行。如此一來，「品牌方向的修正」不僅不是議題，甚至根本什麼都不是了。在一開始的階段，確實挑出這種乍看之下幾可亂真的「假議題」，是很重要的關鍵。

就算看起來很像是議題的情況當中，大部分也都是不需要在當下找出答案，或是不應該在當下找出答案的情況。每當發現看起來「像是議題」之時，就要回頭省思「是否真的必須當下找出這個答案？」「真的應該從這裡找出答案嗎？」這樣一來，就能減少做了無謂白工之後，才事後後悔「那時候根本沒必要勉強那麼做」。

▼議題並非靜止不動，而是動態變化

另外，還有一點希望各位讀者先放在心上，那就是「議題是浮動標的」，也就是「議題

並非靜止不動，而是動態變化」。尤其在處理商業問題的情況下，這是非常重要的關鍵。

議題指的是「應該找出答案的問題」，也就是「正確的問題」，即使處理的是相同的事業或主題，一般都會隨著公司的不同、部門的不同、時日的不同、會議的不同，或是說話對象的不同而相異。因為，所謂的議題是「現在必須找出答案的事情」，所以實際上會隨著負責的部門或立場的不同而改變。甚至還時常可見到對某人而言是議題，但是對其他人而言就不是議題的情形。

典型的例子之一，是議題隨著時常會成為議題主詞的「企業」不同而異。即使是在相同的商品領域討論事業策略，隨著企業的不同，議題需要查明的地方也不同。就算業界本身看起來也許相差不多，但對於業界是以什麼方式看待，或那具有什麼樣的意義，將會因為企業各自的歷史、文化及策略等而完全相異。

想想看以下的情境：蘋果（Apple）正在擬定以「iPad」為主的平板電腦市場策略。首先，應該很容易可以想像得到以這個市場發跡的蘋果公司，和其他的企業所要查明的地方會大異其趣吧？甚至還有是否該擁自家企業專屬的作業系統，或與其他公司以什麼方式共享作業系統等，隨著這些問題的答案不同，其中的意涵也會跟著改變。

如果認為「議題就是這個」的時候，請確認看看它的主詞。如果就算改變「對誰而言」的主詞卻仍然成立，很可能就要再確認看看查明議題的步驟是否還不夠完善。

另外，還有些情況是當進行重要決策之後，相關的議題根本就不成議題了。

例如某家汽車廠針對「次世代油電混合車的新風貌」進行討論。一般可能會舉出很多討論項目，像是「應以何種引擎與馬達技術為基礎？」「如何管理電池？」「要開發哪一款車種？」等需要找出答案的議題。但是，這時候如果狀況變成「由於高層的交涉，決定接受由競爭對手提供技術授權」，這些議題的大多數恐怕都必須重新改過。

在科學界，「一旦有新發現，就是促使學家必須重新檢視做為前提的事實」等，就符合這個狀況。

要件② 具有深入的假說

好議題的第二要件，就是「具有深入的假說（hopothesis）」。下述固定程序將有助於讓假說得以深入：

▼推翻常識

要加深假說的程度很簡單的方法就是「列出一般相信的事項，從中找看看有沒有可以推翻的部分，或利用不同的觀點可以說明的部分」。「推翻常識」在英文中有「違反直覺」的意思，稱做「counterintuitive」，就是要找出「違反直覺」的地方。這時，找對該領域熟悉的人進行訪談應該會很有幫助，或在計畫剛開始的初期，聽聽專家或第一線（現場）人員的說法，就可以知道在該領域中一般所相信的內容，也就是所謂的「常識」。相較於從書籍等學習，像這樣當「憑身體五感獲得的常識」獲得反證時，印象會比較深刻。

比方說，日常生活看起來覺得「太陽繞著地球轉動」的天動說，但是，事實證明「其實是地球繞著太陽轉動」的地動說，正是堪稱為經典案例的最佳寫照。對於在日常生活中身體無從感覺的「時間與空間的關係」，當時愛因斯坦（Albert Einstein）提出「時間與空間為一體」的相對論引發相當大的震撼，也是很典型的案例。「光」等於「波」等於「粒子」的量子力學，基本邏輯也是因為在眼睛可以看得見的大千世界裡沒有「波」等於「粒子」的存在，所以才會令人感到震驚。主張「我們生存的世界中應屬最大存在的宇宙，一開始是起自於一個點」的大爆炸理論，也是因為違反「最大始於最小」的直覺，形成特殊的對比，所以才會產生震撼力。

再舉出一個很有名的科學案例。在一九四〇至一九七〇年代，有一個生物學界大型議題之一是「生命體的能量吸收是如何進行的？」做為食物攝取入體內的碳水化合物在細胞內被分解，最後變成水和二氧化碳，這時候所謂「燃燒」所釋放的能量大部分都成為腺苷三磷酸（ATP，adenosine triphosphate）的磷酸結合而吸收。這就是呼吸的本質，且成為所有生命活動的直接的能量來源。關於這個能量的吸收，大部分的人之前都認為與其他生物化學反應一樣，是「由於在細胞內的連鎖性化學反應」。不過，英國生化學者彼得・米契爾（Peter Dennis Mitchell）主張「在離子穿透過粒線體膜的時候產生吸收」，並且加以證明，解開世紀大問題的米契爾於一九七八年得到諾貝爾化學獎；這也是推翻之前常識的典型案例。

在科學界，像這種迫使主要架構產生改變的發現，往往會造就很多新的研究領域，在商業界，則往往導致徹底地重新檢視策略與計畫。競爭者並未查覺的發現或洞察（insight），將成為重要的策略優勢。

商業上具有深入假說的議題大致有下述幾種：

「以為正在擴大的市場，卻在先行指標的階段大幅縮減。」

「相對於認為會比較大的區塊A，以收益的觀點來看，卻是區塊B較大。」

「以銷售量為主進行競爭的市場，事實上銷售量的市占率愈高、利潤愈少。」

「核心市場的市占率擴大了，但成長市場的市占率卻縮小了。」

也許會有人認為「那麼重要的事情，怎麼可能會忽略呢？」但是，我曾在業界爭頂尖企業的專案中，發現類似這樣的狀況。希望各位讀者時常思考一下，你所相信的信念或前提有沒有任何遺漏？

▼以「新結構」了解所見所聞

用於得到深入假說的第二個程序，是思考是否可用「新結構」了解所見所聞。究竟是什麼意思呢？其實是因為人對於看慣的事物當獲得了前所未有的了解時，真的會感受到很大的衝擊。其一的做法就是剛才介紹的「推翻常識」，而還有一個做法就是以「新結構」了解所見所聞。

這是由於我們腦神經系統的構造。腦中沒有相當於電腦「記憶體」或「硬碟」的記憶裝置，只有神經之間彼此連結的構造而已。也就是說，神經間的「連結」就變成基本的「了解」來源。因此，當有些以前認為沒什麼關係的資訊之間，竟然產生連結之時，我們腦中就感受到很強的震撼。所謂「人類了解了什麼事」，就是「發現二個以上相異的已知資訊之間產生新的連結」。

以新結構了解所見所聞有四種類型：

1.找到共通點

最簡單的新結構就是找到共通點，也就是說，對於二個以上的事物，只要看出某個共通的部分，人就會恍然大悟。與其說「某人在墨西哥建國時，對於團結二個對立陣營有很大的貢獻」，還不如說「某人是墨西哥的坂本龍馬（按：日本近代史上的名人，撮合對立的長州藩與薩摩藩簽立薩長同盟而合作）」，（只要是日本人）就會覺得後者比較好理解。如果說「辦公室用的印表機和大樓內的冷氣，收益結構相同」，只要知道其中某一種結構，就會贊同「原來如此」。一般會說明人類的手臂與鳥類的翅膀其實是相同的器官，只是演化成不同形狀而已，這也是一樣的道理。

2.找到相關性

第二個新結構是找到相關性。即使不知道完整的整體樣貌，只要知道複數現象之間的相關性，人就覺得已經有所了解。

只要知道「保羅和約翰是好朋友，大致都採取相同的行動」、「約翰與理查相對立，採取完全相反的行動」這些資訊，只要看保羅最近的行動，就能推敲理查在做什麼了。

在科學領域中有一個典型的案例，就是「完全相異的荷爾蒙，在腦內相應的二個受體（recepter）有功能上的相關性」。若說成十個相異的荷爾蒙與受體間的系統關係，似乎就可以往「了解」大幅邁進。事實上，就有幾個以這個類型的研究獲得諾貝爾獎的例子。

3.找到群組

第三個新結構是找到群組。將討論對象分成幾個群組的方法，因此，之前原本看起來是像一個或無數個類型的事物，可以判斷成特定數量的群組，而加深洞察程度。

群組的典型案例是商業上的「市場區隔」（market segmentation），將市場基於某個觀點為軸進行畫分，只要觀察各個群組各自不同的動向，就會獲得與之前不同的洞察結果，而使得對自家商品或競爭對象商品的現狀分析與對未來的預測變得更容易。

4.找到規則

第四個新結構是發掘規則。當知道二個以上的事物有某些普遍機制或數量上的關係，人就會覺得能夠了解。

許多物理法則的發現都屬於這個類型。例如「從桌上掉落的鉛筆」、「從地球仰望月亮（穩定地飄浮著）」，都可以用相同的邏輯（＝地心引力）解釋，這就是其中一個案例。

到目前為止，在商業上找到公式的例子不多，但是，二個看起來八竿子打不著的事情卻有規則的例子倒是不少。比方說，如果可看見「工業用汽油的交易價格有起伏時，十個月後，玉米等農產品的價格將會同樣波動」這個固定模式，就會發現更深層的結構。

就算無法一開始就發現「推翻常識」那種強而有力的議題，也不需要失望。就如本書一再說明，思考是否可用「新的結構」解釋現象，是另一種正面攻略。然後以這些相連結的觀

【圖表9】 結構性了解的四種類型

	例	了解的效果
找到共通點	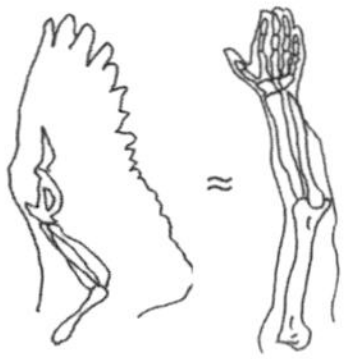	從手臂構造洞察翅膀的構造，就能做為演化的比較軸進而活用
找到相關性	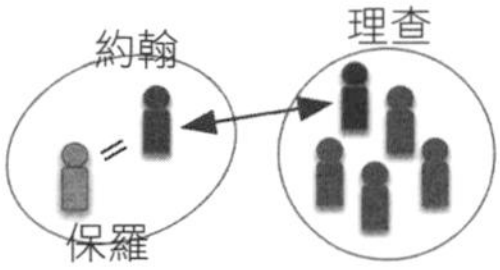	只要知道保羅和約翰行動相同，而約翰和理查行動相反，就可以從保羅的行動推測出理查的行動
找到群組	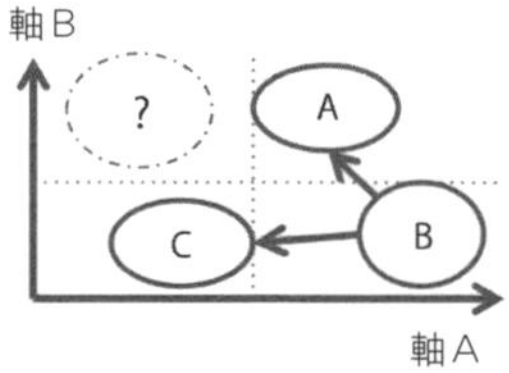	以某個軸所畫分出的群組顯示出不同的動向，就可以得到與以往不同的洞察
找到規則	$X = \frac{\alpha \times \beta}{\gamma}$	只要知道二個以上的事物有普遍機制或數量上的關係，就能獲得深入的洞察

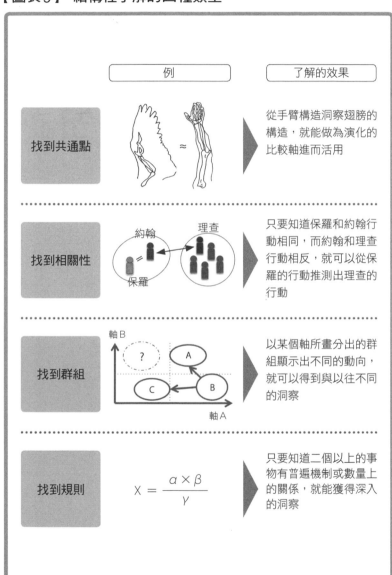

點若能驗證新事項，就能產生更深入的洞察與震撼。與朝永振一郎一起獲得諾貝爾物理學獎的理查・費曼（Richard Feynman）曾說「科學的貢獻在於看見未來，讓推理成為發揮功能的工具」，這正顯示獲得深入結構了解的本質。

要件③ 可以找到答案

即使是「屬於本質的選項」，而且充分「具有深入的假說」的問題，也有不是好議題的情況存在。那就是無法找出明確答案的問題。也許有人會質疑有那樣的問題嗎？但其實有很多問題是無論用什麼解決方式，幾乎都不可能以既有的方法或技術找到答案。

我在科學方面的老師之一山根徹男曾經告訴過我一段故事。在一九六〇年代，山根老師還就學於加州理工學院（Caltech，California Institute of Technology, Caltech）時，曾從當時還在追求天才稱號的費曼聽到以下的一番話：

「『重力與電磁力都屬於三度空間，與距離的次方成反比』，確實是非常值得研究的現象，可是我建議不要接觸這類問題比較好；因為，現在幾乎還無法預期可以找得到答案。」

我雖然不是物理系的學生，但過了將近五十年後的今天，該問題即使經過為數眾多的天才們經手，應該仍然尚未獲得解決，費曼果然是正確的。

在科學界就像費曼的例子，存在許多「因為看不見實際可找出答案的方法，所以即使從以前就知道是個謎團，卻束手無策的問題」。等找到方法才終於得以開始研究，這樣的問題多得數也數不清。

問題在提出後經過了超過三百年才終於解答的「費馬最後定理」（Fermat's Last Theorem），也是在普林斯頓大學（Princeton University）任教的英國數學家安德魯．懷爾斯（Andrew John Wiles）用盡近代數學的渾身解數才終於解開，正所謂「等找到方法才終於得以成為好議題」的一個例子。

生物學家利根川進（一九八七年諾貝爾生醫獎得主）說過以下的話，也充滿啟發。

「（前略）杜貝可博士（Renato Dulbecco）後來最稱讚我的地方，是他認為我善用當時可利用的技術中，在瀕臨最前端的邊緣之處，找出目前生物學剩下的重要問題中，有什麼是好像可以解決的。（中略）無論有多麼好的點子，如果沒有可以實現的技術，就絕對無法達成。但在大家認為沒有技術而無法實現的部分中，也有某些情況是處於比較微妙的邊緣地帶，若能善加利用當時可用的技術到極致的程度，就有可能勉強可以達成。」（摘自《精神與物質》，文藝春秋出版）。

杜貝可博士是一九七五年諾貝爾生醫獎得主，他是利根川的指導老師之一，他的教誨讓利根川完全掌握住好議題的本質。無論是多麼關鍵的問題，只要是「找不出答案的問題」就不能稱為好議題。「在能找出答案範圍內最具震撼力的問題」，才能成為有意義的議題。就算無法直接找出答案，藉由分解問題的過程，若有可以找到答案的部分，就將那部分切割出來做為議題。

在商業上，類似的問題也是堆積如山。

例如，定價的問題。「以三至八家左右的企業數量占據市場大半（實際上大部分的市場都是這樣），商品如何定價？」實際上是非常難的問題，至今仍沒有明確的「固定程序」，也就是經過分析找出確切答案的方法存在。如果參戰的只有二家公司，還可以靈活運用賽局理論（Game Theory），對於該前進的方向找出相當程度的答案；一旦競爭企業達三家以上，戰情立即就變得複雜許多。

就算可以看見所有的問題，卻有大量的問題是目前還找不到清楚的解決方法，或者束手無策的問題，這是不容忽視的事實。而且，也有一些問題是別人可以解決，但卻超出自己所能處理的範圍。雖然也可以不要想太多就去處理，只怕驗證方法一旦瓦解，無論在時間方面或所費的工夫方面，都可能會造成無可挽回的損失。

不是「具有震撼力的問題」就可以直接成為「好議題」。而且就如同費曼所說的，必須認識存在著「目前幾乎沒有希望可找到答案的問題」的這個事實，而不要花時間在這類問題上，是很重要的事情。

因此，成為「好議題」的第三個條件，就是查明「是否可實際上以既有的方法，或現在可著手進行的解決方法找出答案」。「用現在所存在的方法和做法多下點工夫，是否可以找出符合解決該問題所需程度的答案」。在可以看見議題選項的階段，以這樣的觀點再次重新檢視，是一件非常重要的事情。

如在序章中所述，就算在意的問題有一百個，「真正應該在當下找出答案的問題」頂多二至三個而已。而且，其中「現階段能夠找出方法解答的問題」又只剩下半數左右。也就是說「真正應該在現在找出答案的問題，而且是可以找到答案的問題＝議題」，只占「我們認為是問題的問題」總數的百分之一左右而已。（詳見【圖表10】）

查明議題比較理想的方式，就像年輕時的利根川教授一樣，對於就算所有人都覺得「該找出答案」卻又「束手無策」的問題，去發掘那些覺得「如果用我的方法就能找出答案」這種「位於死角的議題」。無論世上的人說什麼，都應該要經常自問「是否有可能以我自己獨具的觀點找出答案？」如果說有什麼經驗可以超越學術上的解決方式或事業領域，大部分都是因為具有這種「自己獨具的觀點」。

【圖表10】「問題」的擴展

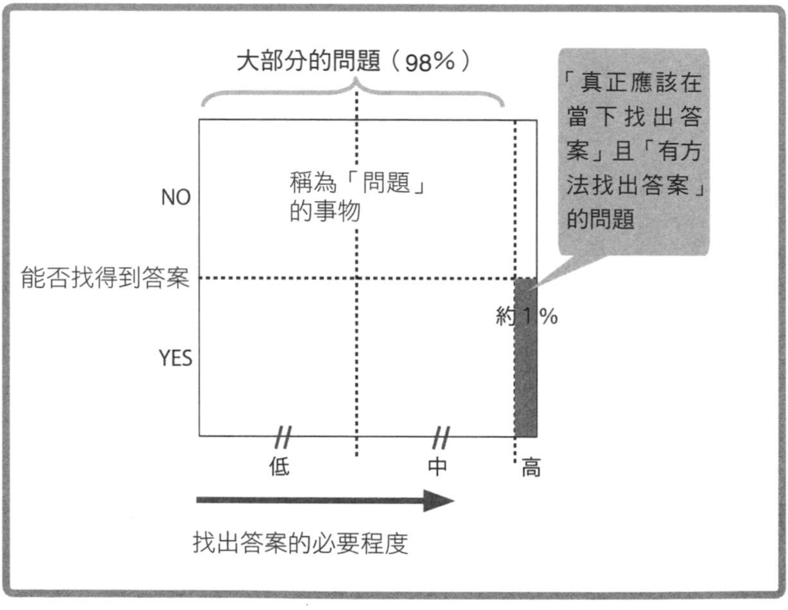

用於確立議題的資訊蒐集

取得用於思考的材料

在了解「所謂好的議題是什麼？」和「（即使勉為其難也要）建立假說的重要」之後，接下來，必須思考該如何取得用於發掘上述內容的「材料」。

也許大部分的主管會以「怎麼能用假說那種不確定的推論為基礎談事情？」責罵部屬。但是，如果光只理論看問題或切入問題點，也就是只憑理論找到與議題或假說的連結，是一件很困難的事情。無論對誰而言都一樣，無論是專門解決問題的資深顧問，或者幹練的社長還是頂尖的研究者都是如此，當遇上知識不足或並非顯而易見的主題時，就只好蒐集資料做為用於建立假說的線索。

那麼，為了要得到線索，究竟該怎麼做呢？針對所處理的主題及對象「粗略地獲取用於思考的材料」。也就是說不要花費太多時間，只要蒐集主幹結構的資訊，對於對象的狀態實際親身感受一下。在這裡與其追求細項數字，不如著眼於整體的流程與結構。

還在大學唸書時從事的專題研究，可能花費幾個月的時間；不過，一旦畢業進入職場之後，這種做法非常不符合效率，根本稱不上是「生產力高」的做法。設法將議題明確化，有效率地進行重要的驗證並更新假說，才能實現真正「高生產力」的每一天。大多數的情形是從建立假說到驗證為止的一個循環，短則一個星期、長則十天可以繞完一個循環。所以，這個最開始的步驟，就是蒐集用於思考而提出假說的資料，儘可能在二至三天左右就完成。訪談等需要花時間做準備的部分，就要事先做好準備工作。

話雖如此，光憑這些說明，各位讀者還是難以理解具體而言該做什麼吧？所以，我整理一些訣竅可蒐集用於選定議題的資訊。

訣竅① 接觸第一手資訊

第一個訣竅就是接觸「第一手資訊」。所謂的第一手資訊，就是從來沒有經過任何人過濾的資料。具體而言，進行以下的事情會有效果：

● 以製造生產為例：站上生產線與調度的第一線（現場），與第一線人員聊一聊。如果時間允許，一起動手進行某項作業。

● 以銷售為例：前往銷售的第一線。比方說，站在店門口聽取顧客的聲音。如果可以，和顧客一起行動。

● 以商品研發為例：前往使用商品的的第一線，與使用商品的顧客對話。詢問顧客為什麼使用該商品？該商品與其他商品如何區分使用？在什麼場合下是如何使用的？

● 以研究為例：前往研究該主題者或該方法者的研究室，實際聽他說並觀察現場。

● 以地方縣市為例：以地方縣市為調查對象時，凡事眼見為憑。此外，建議再去拜訪與該地方縣市採取相反行動的地方縣市，了解差異與現象。

● 以資料為例：針對未經加工的第一手原始資料，觀察變化的類型或特徵進行了解。

聽起來也許是很基本的事情，但是，卻很少人對這些事情可以做到如同呼吸一般理所當然的程度。愈是受人稱讚為「優秀」、「聰明」的人，愈是只用頭腦思考，想要以乍看之下很有效率地從各種讀物這些第二手資訊當中獲取線索，而那正是致命傷。因為在建立重要的假說時，會變成以「戴著有色眼鏡看資訊」的態度思考。

很多時候，只要沒有眼見為憑、親身感受，就無法理解實際上第一線（現場）究竟發生什麼事。因為時常會有乍看之下毫不相干的事物，但是一到現場，卻是緊密的連動關係，或者應該要連動的事物卻彼此分離的情況。這些狀況都是只要沒到現場查看就無法理解。那些是在間接的簡報、報告或論文第二手資訊中，絕對不可能會提出的死角。

無論如何表達，第二手資訊只不過是顯示出從擁有眾多層面的複合性質的對象中，巧妙抽取出來某一個剖面的資訊而已（詳見【圖表11】）。所謂的「事實」，只要不是直接看見的人就會無法認知。因此，建議花費幾天時間，集中接觸第一手資

【圖表11】 第二手資訊的危險性

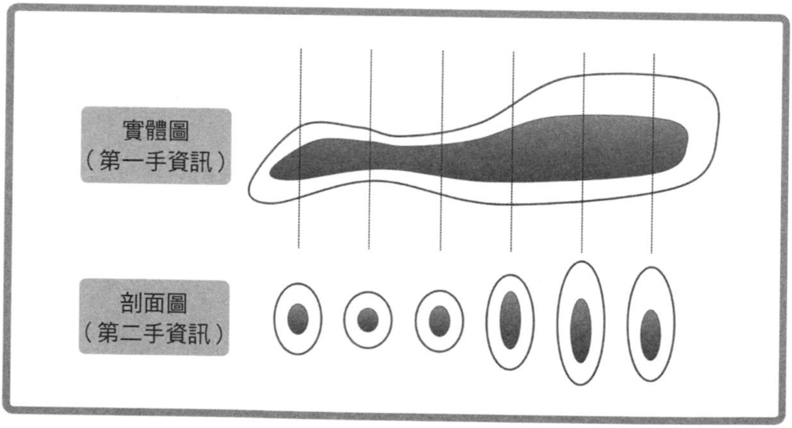

訊。這樣將給予我們對於實際在我們身上所發生的事實感同身受，並給予我們強而有力的方針可建立明確的假說。

另外，到這些現場接觸第一手資訊的時候，就會聽到現場人員由經驗所衍生的智慧。不只可以聽取無論讀多少文字資訊都不會知道的重點，甚至可以詢問他擁有什麼樣的問題意識。像是現在面臨的瓶頸、對於一般人說法不贊同、實際行動時真正該確定的事情等，一口氣吸收那些用錢也買不到的智慧。

在大部分的日本企業，很少將內部的事情直接請教外部專家，這真的很可惜。如果說原因在於「有很多事對公司外部需要保密，所以不能與外部交流」，事實上，大部分的情況其實只是想太多而已。

向不認識的人進行電話訪談，英文稱之為「cold call」（按：拿起電話直接打電話給陌生人或潛在客戶，亦稱為「電話銷售」），當學會這項工作時，生產力將急遽提升。只要好好地傳達你在正當的公司工作任職或大學、研究所，告訴對方「涉及有保密義務的內容完全不用說出來，現在所問到的內容只用於內部討論」這類說法，大部分人都會敞開大門。其實，我也曾進行過數百件「cold call」，遭人拒絕的次數很少。因此，如果想要提高生產力，這是個好方法。

訣竅② 掌握基本資訊

蒐集資訊的第二個訣竅就是從第一手資訊獲得感覺，同時將世間常識和基本事項某程度地加入整體，以MECE原則（Mutually Exclusive Collectively Exhaustive，亦稱為「彼此獨立、互無遺漏」，詳見第二章）且快速掃描（調查）。

這時候，「避免只憑自己的想法就拍板定案」是一件很重要的事情。先確定所處理課題領域中的基本知識。一般在商業上推敲事業環境，只要持續觀察以下要素：

1.業界內的競爭關係
2.潛在進入者
3.替代品
4.事業下游（顧客、買家）
5.事業上游（供應商、供應企業）
6.技術和創新

7. 相關法規

其中一至五項是由麥可・波特（Michael Porter）所提倡的「五力」（Five Forces），再加上六至七項，合計七個項目的發展，在起步的階段應該就足夠了（【圖表12】）。

懂得觀察上述要素的發展之後，實際上在掃描中需要確定的就是「數字」、「問題意識」和「架構」這三點。

▼數字

以數字為根基在科學界是理所當然的，在商業界也很常見。例如在討論事業整體的時候，會提出「市場規模」、「市占率」、「營業利益率」或「（上述指標的）變化率」之類的數字，在零售業會以競爭者的觀點提出「每日單位營業額」、「存貨週轉」或「客單價」（按：每位顧客平均消費額）等數字。以宏觀、整體的角度，以「不知道這個數字就無法繼續討論」來確定大致情況。

【圖表12】 企業環境要素的發展（Forces at Work）

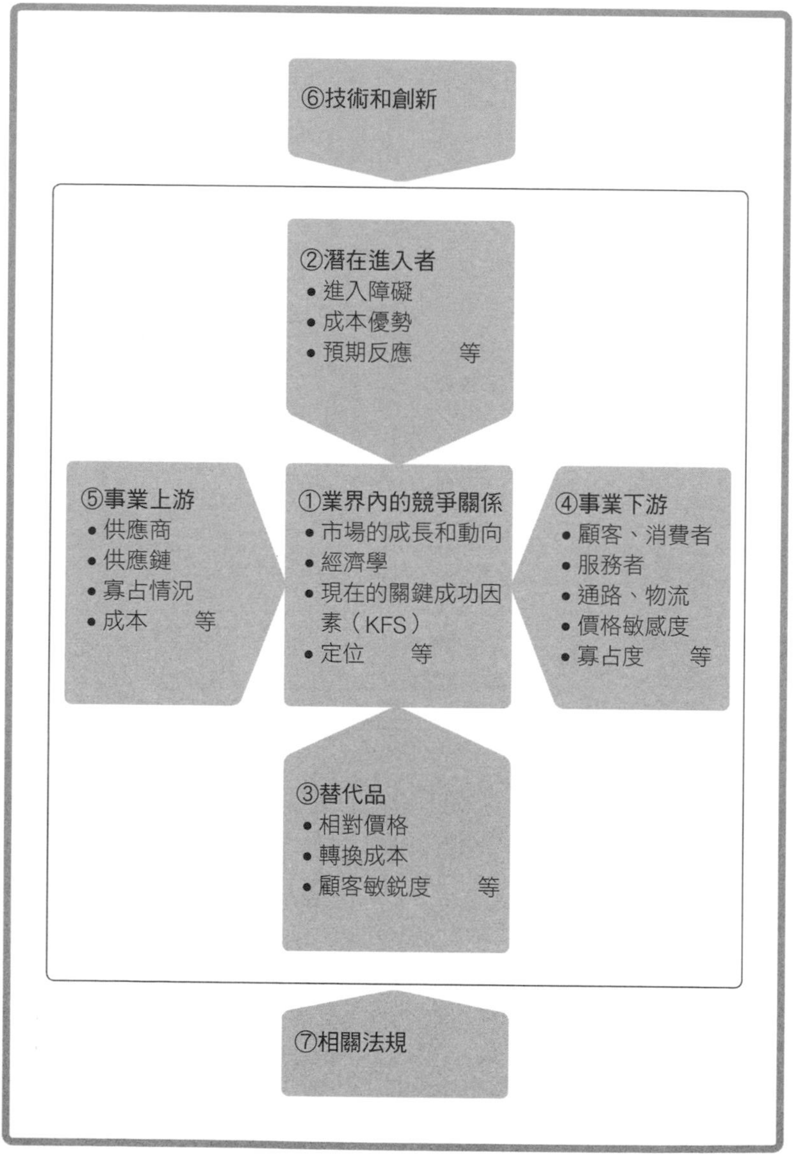

▼問題意識

所謂「問題意識」，是基於循著過去以來的脈絡，找出該領域、業界、企業的常識，以及與課題領域相關的一般的共識，還有以前是否曾經討論過，討論的內容及結果等。涵蓋「只要不知道這些，與該領域的人的就無法進行對話」的全部內容，並要確認是否有遺漏重要的觀點。

▼架構

無論在哪一個領域，都需要以下的資訊：到目前為止整理議題的情況，以及與議題相關的事情如何定位等。並要了解正在討論的問題在既有的框架內，也就是架構中是什麼樣的定位，以及什麼樣的解釋。具體而言，可以活用下述方法幫助你輕易掌握整體情況。

- 總論、評論
- 雜誌．專業雜誌的專題報導
- 分析報告或年度報告

- 主題相關書籍
- 教科書中相符的幾頁

看書時不妨避開談到關鍵技術的專業部分，而只看其中基礎概念及原則的內容。為了培養時間軸上的宏觀角度，同時吸收新舊觀點，這也是不錯的方式。

訣竅③ 不要蒐集過頭或知道過頭

第三個訣竅是刻意地保留資訊程度在概略的階段，也就是「不要做過頭」。雖然與速讀術或高效工作術的理念大不相同，但蒐集資訊的效率必定有其極限，當資訊過多的時候，將無法讓人更有智慧；這種情形稱為「蒐集過頭」與「知道過頭」。

▼蒐集過頭

投入於蒐集資訊的努力和時間以及其所獲得結果的資訊量，在某程度達成正比關係，一旦超過某程度時，突然間新資訊的吸收速度就會慢下來。這正是「蒐集過頭」。就算投入大量的時間，具有實際效果的資訊也不會呈現等比增加（【圖表13】）。

▼知道過頭

「知道過頭」是更嚴重的問題。在「蒐集過頭」的【圖表13】也可看見，確實在到達某個資訊量之前，智慧快速湧現。可是當超過某個量的時候，快速產生出來的智慧減少，最重要的「自己獨具的觀點」幾乎逐漸接近零。是的，「知識」的增長不一定會帶動「智慧」的增長，反而必須有一個觀念，那就是資訊量在超過某個程度之後，將會造成負面效果（【圖表14】）。

對於某個領域的一切都瞭若指掌的人，要產生新的智慧是極為困難的事情。因為手邊所擁有的知

【圖表13】 蒐集過多的資訊，真的有用嗎？

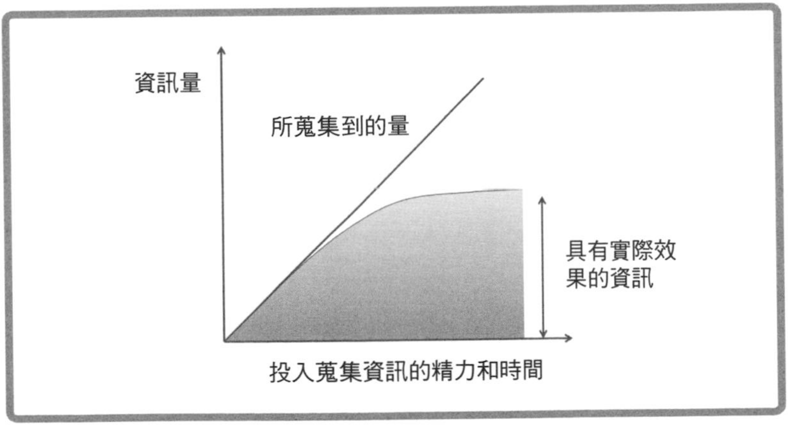

識幾乎超越所有想法。就如同一流的科學家達到該領域的權威地位的時候，就不再像年輕時期會產生強烈的點子，是一樣的道理。

而且，這也是顧問公司存在於商業界的理由之一。一流企業應該已經延攬眾多精通業界的專家，卻還是以高額雇用顧問，其中有一個很大的原因，就在於因為企業主「知道過頭」，所以受到該領域的禁忌或「必須論」的刻板印象束縛，無法產生新的智慧，因此需要「旁觀者清」的管理顧問從旁協助。愈聰明、愈優秀的人，愈容易陷入「知道過頭」的狀態，一旦達到該狀態就愈難逃脫知識的限制。

當我們對某個領域有興趣，在剛取得新資訊的階段，一開始會有各種在意的部分或疑問點。每次

【圖表14】 知道過多的資訊，真的有用嗎？

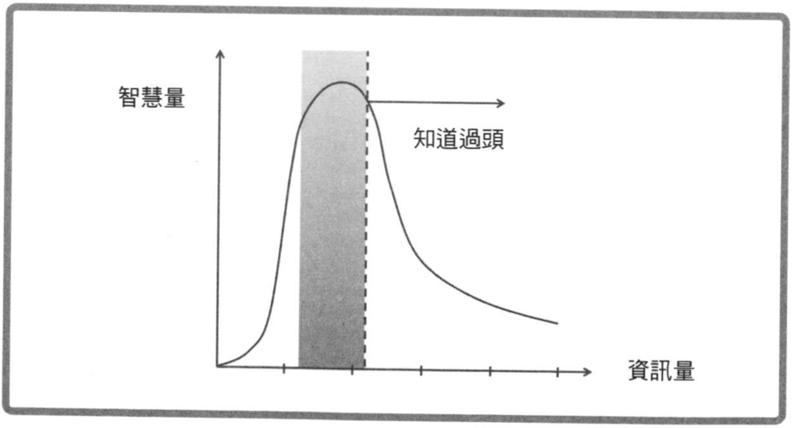

將這部分問人或找到解答的過程中，都會加深自身的理解，並湧現新觀點或智慧。在這些觀點或智慧未消失的程度，也就是在不要變成「知道過頭」的範圍內，停止蒐集資訊，正是用於確立議題的資訊蒐集上的祕訣之一。

確立議題的五個解決方式

利用一般的做法無法找到議題時

遵守好議題的條件、找尋本質的分歧點、嘗試可否從結構了解、考慮可否推翻現在一般人所相信的常識，並且到現場去找尋決定議題的材料、接觸第一手資訊（不要蒐集過頭的程度），即使如此，可能還是會有「不懂究竟什麼是議題？」的情況出現。這時候，究竟該怎麼辦呢？

最簡單的方法，就是讓頭腦休息片刻，然後再一次重複剛才一路介紹的基本步驟、再次接觸資訊、與有見識的人討論。但也有資訊太充足、甚至蒐集過頭，或用於找出議題的智慧不夠的情況。接下來先介紹在這種情況下可以使用的五種方式（【圖表15】）。

【圖表15】 找不到議題時的解決方式

解決方式	內容	
① 刪減變數	將幾個要素固定下來，刪減該考慮的變數，整理查明的重點	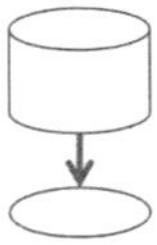
② 可視化	將問題的結構視覺化與圖示化，整理該找出答案的重點	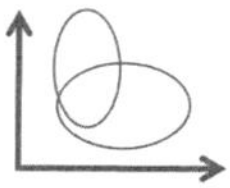
③ 從最終情形倒推	設想全部課題都解決後的情形，整理與現在眼前情形的落差	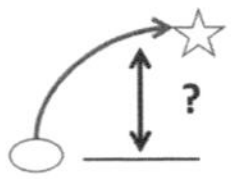
④ 重覆問「So what？」	反覆問「So what？＝所以呢？」的問題，加深假說的程度	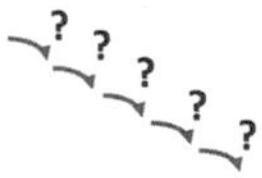
⑤ 思考極端的實例	藉由思考數個極端的實例，探索關鍵議題	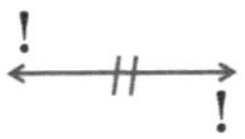

解決方式① 刪減變數

有時候相關的要素太多，如此一來，「什麼是重要的要素？什麼是決定關鍵？」甚至連「究竟有沒有這樣的東西存在？」都看不見了。「世上的消費」和「自然界各種生物間角色的相關性」等主題就是典型的例子。

例如想要了解下述事項：推特（Twitter）與臉書（Facebook）等社群網站服務（SNS，social network service），對於商品購買行為有什麼影響？用什麼數值可看出上述影響？對於普及是否存在有臨界值般的數值？這些問題間具有什麼樣的相關性？這時候，因為要素太多，可想而知要採取什麼方法找出所有相關性是很難的事情。就算運氣好，可取得數值而看見某些資訊的來龍去脈，但多數的要素彼此相關，可以想見恐怕也無法進行驗證讓所有人都贊同吧？

在這種情況下，就要思考「是否可以刪減變數」。換句話說，就是著手刪減要素或限制要素。比方說，「商品購買行為」涵蓋的範圍太大，可以將商品領域限於「數位家電」。如果範圍仍然太大，就再將討論的對象縮減為「數位相機」和「印表機」等。這麼一來，變數就會減少一個。其次，針對社群網站服務，也可以群組化分類為「微博、部落格、社群網站」等。在這裡，相信用於找出議題所蒐集的第一手資訊，尤其是聽取使用者的意見等，應該就可以做為參考了。藉由這個方式，可將原本多達幾十個的變數減少到幾個左右的程度。

像這樣將問題相關的要素，利用固定或群組分類加以刪減，真正的議題時常就因此而變得清楚可見。

解決方式② 可視化

人類是用眼睛思考的動物。因此大多數的時候眼見為憑，只要看得見形狀，就會快速地覺得對於該對象有了某些了解（即使邏輯上並未理解，仍會有此認知）。實際上，我們腦中的枕葉幾乎大部分都用在「看東西」，以眼睛看見形狀就會快速地讓本質的重點顯現出來。第二個解決方式就是善加活用這個腦的特質，而進行可視化。要達成可視化有幾個典型的做法。

如果討論對象主題本身與空間有關時，比方說，在討論「店鋪中的陳列方式」等情況，可以排列出相互的關係並製成圖畫。重疊擺放的物品就畫成上下重疊。於是，就很容易可以看出哪裡和哪裡的連結還不夠清楚，或哪裡和哪裡的排列會有問題等這些需要查明的地方，而這就是議題。

當處理步驟有既定的順序，就將所有步驟由前到後，像拼圖的零片一字排開。可以簡單地直接在紙上畫圖，也可以運用便利貼或單字卡等。在排列的過程中，將逐漸可以看見課題的本質，像是整合這個步驟才是真正的議題，或刪除這個步驟其實不是議題等。

想要表現可取得幾個主要屬

【圖表16】 可視化

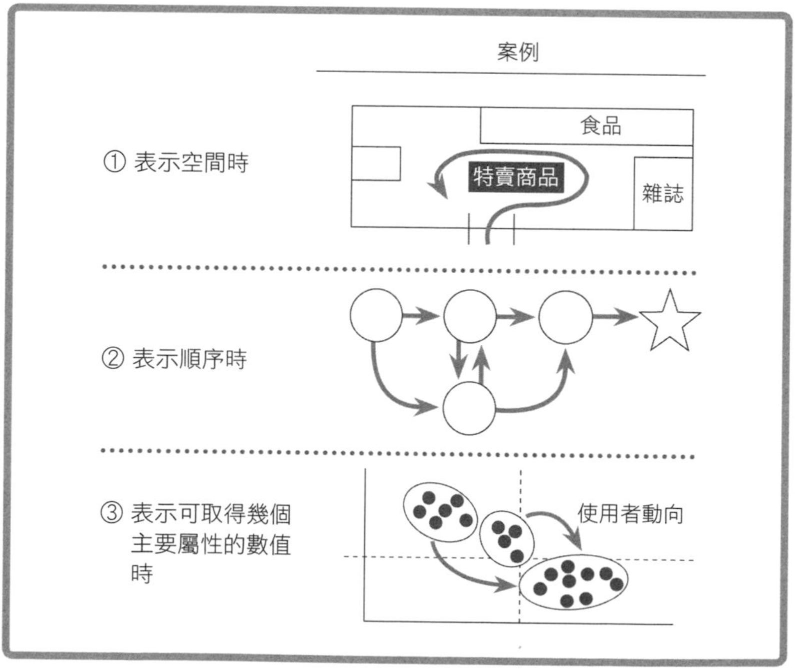

性（X軸或Y軸）的數值時，以圖表進行可視化是很有效的方式。

選擇二個屬性畫圖表，或者將二個屬性相乘的結果或相除的結果設定為一個軸（例如X軸），再以別的要素設定另一個軸（例如Y軸）。也有很多時候只要圖表化，就可以看見大部分的案例是可以分成幾個群組。這個時候，將特定以上（或以下）的數值標上顏色，群組將會更明顯。

比方說，如果討論啤酒新產品的方向，暫且以在宣傳上時常用到的清淡與濃烈等為軸試著畫圖表。於是，也許就能看見以下述擴展為前提要查明的地方（議題）：手邊既有商品處於哪個位置？市場的趨勢是朝向哪裡？基於上述狀況，口味的方向可能會朝向哪裡等。

解決方式③　從最終情形倒推

要快速整裡議題的擴展時，可以從「究竟最終想要的是什麼？」開始思考，也是很有效的方法。

例如想要思考自己的事業三至五年的中期計畫時，設計「想像中的樣貌與到達目標的正確路徑」，正是成為「最終想要的成果」。

然後，更進一步繼續思考要知道什麼才能決定「願景」。於是就會知道需要下述項目：

1. 現在的事業狀況（市場觀點、競爭觀點）
2. 事業該以什麼做為目標的景象
3. 三至五年後的目標，最關鍵的因素（即為數學中的函數）該放在哪裡（是否要守住相對優勢的地位，還是要積極開發市場等）
4. 對於當時的強項及符合自家企業致勝模式的想法
5. 用數值表現可以如何表達

這時候，一至五就是該找出答案進行查明的地方，也就是議題（issue）。

接下來，思考一下在科學界的情況。

例如在神經科學的領域裡，想要驗證「某特定基因的變異，造成在五十歲以後引發阿茲海默症的機率大幅提高」而進行研究：

- 五十歲之後，具有某特定基因變異的人，比並非如此的人更容易罹患阿茲海默症，而且比例高很多。
- 該差異在五十歲之前並不明顯。

針對這個議題至少需要驗證上述二點。並可推測若驗證下述事項，將成為驗證該議題相當強的佐證。

- 這種變異的發生機率與歲數無關，但五十歲以上的阿茲海默症患者中，具有該變異的人數比例相較於其他歲數的患者，高出非常多。

這個解決方式，就是像這樣將需要查明的議題以從最終情形倒推的方式思考。而且，利用這個方法可以將議題結構化（此部分將於第二章詳細說明）。

解決方式④　反覆問「所以呢？（So what?）」

如果提出當做議題的選項中，多數是一看就是理所當然的問題時，反覆問「So what? ＝所以呢？」將會非常有效果。一而再、再而三地對自己或對團隊內部重複問問題，藉此讓假說愈來愈具體，該驗證的議題也會愈磨愈有深度。這個解決方式與豐田汽車的改革運動中「問五次『為什麼？』」（為了查明原因反覆詢問「為什麼？」以追尋問題核心的方法）具有異曲同工之妙，只是這裡不用於查明原因，而是用於查明該找出答案的議題。

比方說，設定下列描述為議題，會如何呢？

1.「地球暖化是錯誤的。」

其中，究竟什麼是「錯誤的」說得不清不楚，自然無法找出答案。對這個句子詢問「所以呢？」，回答若是：

2.「地球暖化，並不是全球一致共通發生的現象。」

至少可以看見一個該找出答案的重點（暖化的狀況在全區域內是否一致）。只是，各地區的氣候當然多少會有差異，所以這還不足以成為議題。於是再進一步深入問「所以呢？」

回答若是：

3.「地球暖化現象，只有北半球部分地方發生。」

限制地點，若加上：

4.「被視為地球暖化根據的資料都以北美及歐洲為主，地點有刻意偏頗。」

則驗證的重點就成為明確的議題。再進一步針對定義模糊的部分，「刻意」追問「所以呢？」得到這樣的回答：

5.「主張地球暖化者的資料，不只地點偏頗集中在北美及歐洲，資料的取得方法或處理方式也有失公正。」

如此一來，該找出答案的重點就成為更明確的議題了（【圖表17】）。

一九三九年一月十六日，全球首例核分裂實驗成功的消息傳到恩里科・費米（Enrico Fermi）的耳裡。以卓越洞察力而聞名的費米就指出：「如果進行核分裂，當下會釋出非常大的多餘能量；這時候，仍是多餘的數個中子應該也會釋放出來」，其結果「因為被釋放出的中子會去撞擊下一個鈾，於是就呈現級數倍增，也就是可能會顯示出所謂的連鎖反應」。這

【圖表17】 反覆問「所以呢？」（So what?）進而找到議題

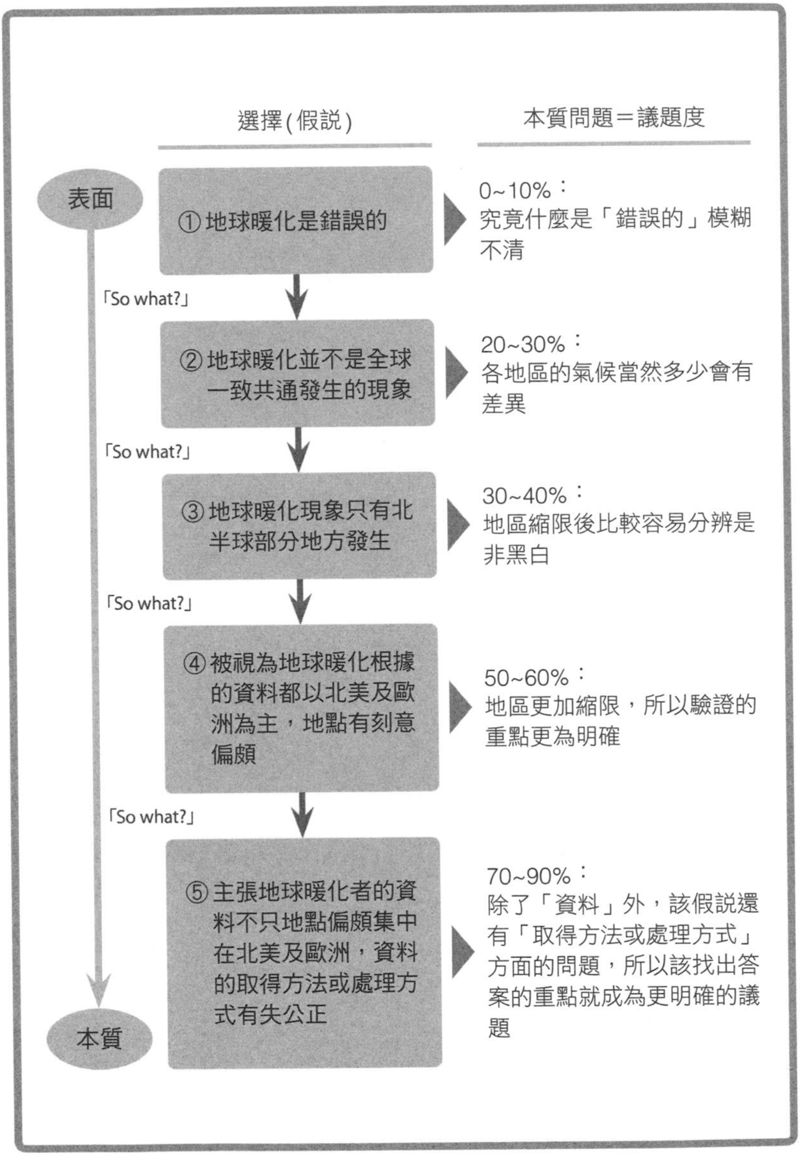

正是藉由反覆問「所以呢？」而找出議題的完美實例。當時具有前所未有的洞察，後來發展成為目前電力供應的主力核能發電，甚至原子彈。

不過，這個反覆問「所以呢？」以進一步琢磨假說的工作是相當累人的，光是提出假說，不知不覺可能就花了很多時間，而且大多情況也都累到頭腦已經無法轉動的程度。一開始難有進展也是正常的，所以建議與其一個人拚命，倒不如以團隊的力量大家一起腦力激盪的方式進行較好。

解決方式⑤　思考極端的實例

當要素與變數牽涉在其中的時候，將幾個重要變數先填入極端的數值試試，就能看出哪個要素的變動會成為關鍵。

例如在以會員為對象的生意上，面臨收益無法提升的問題。一個生意通常具有多個收益來源。有「商品營業額＝收益A」、「會員費＝收益B」、「招攬廣告＝收益C」等情況下，究竟真正對提升收益有效果的變數是哪一個，並不是那麼容易可以看得出來。這時候想想看將「市場規模」、「市場占有率」等基本的要素填入極端的數值，將會發生什麼事？

倘若設定「市場變成十倍或變成五分之一」、「市占率變成三倍或變成三分之一」，再進行思考。如果能像這樣將成為關鍵的要素選項縮減成三個左右，那麼將可以清楚看見「將來哪一個要素真正在本質上會是影響力很大？」而設定為議題。

＊＊＊

到目前為止的內容，各位覺得如何呢？這雖然不是全部，但大多數善用這些解決方式，都能夠藉此找到本質的議題，提出深入的假說。

如果這麼做還不順利，請思考是否可以找到能夠解開議題的形式再重新設定，萬一這樣還是很困難，就當作「該議題找不出答案」，再找有沒有其他本質的議題，這就是實際上的解決方式。

第二章

假說思考一

——分解議題並組排故事線

就算主題相同，提出的假說既周全又大膽，且實驗的解決方式很巧妙精彩的情況，與毫無根據提出假說，加上解決方式也很普通的情況相比，將會形成天差地別。（略）一般稱為天才的做事方式，大多取決於假說的提出方式與解決方式都表現優異而有獨特性，並具敏銳的靈感及直覺。

——箱守仙一郎

箱守仙一郎：分子生物學家，原華盛頓大學教授、美國科學研究院會員。引述摘自《浪漫科學家——世界上發光的日本生物學家群像》（暫譯，原書名『ロマンチックな科学者——世界に輝く日本生物科学者たち』，井川洋二編，羊土社出版）

何謂議題分析？

想要快速提高生產力最重要的關鍵，在於第一章所描述的「查明真正有意義的問題＝議題」。可是，光是照做目前所描述的，並不能產生「有價值的工作」。查明議題之後，還必須充分提高「解答質」（解答的品質）才行。

能提高解答質讓生產力大幅提升的工作就是發展「故事線」（story line，亦稱為故事情節或劇情），並以這個故事線進行圖解、製作「連環圖」。這二項結合起來就稱做「議題分析（issue analyze）」。這是釐清議題的結構並篩選出潛藏其中的次要議題，再製作循該結構進行分析意象的過程。藉此讓最終想要產生出什麼，傳達什麼會成為關鍵，以及因此什麼分析會成為關鍵，也就是整體行動的全貌都變得明確。

故事線與連環圖將隨著討論的進展，一再更新。

一開始是為了使議題討論的範圍與內容可明確化，在其次的階段則發揮管理進度及查明瓶頸的功效。在最後的階段則用於完成簡報或論文，並可直接成為整體的總結。

所考慮的計畫一旦開始，儘可能在早期階段製作這些故事線的第一個版本。如果是三、四個月的計畫，在第一個星期的最後，最晚也要在第二個星期的一開始，就製作稱為「第一個星期的答案」的第一則故事線，會比較理想。

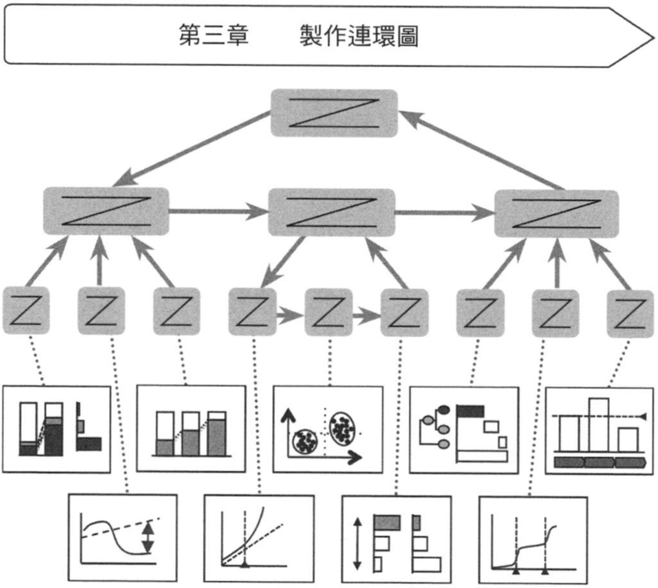

針對故事線的各個次要議題統整所需要的分析與驗證的意象。

在本章說明製作故事線和其進行方式的訣竅，在第三章將介紹以圖解製作連環圖的訣竅（【圖表18】）。

【圖表18】 議題分析的全貌及製作故事線

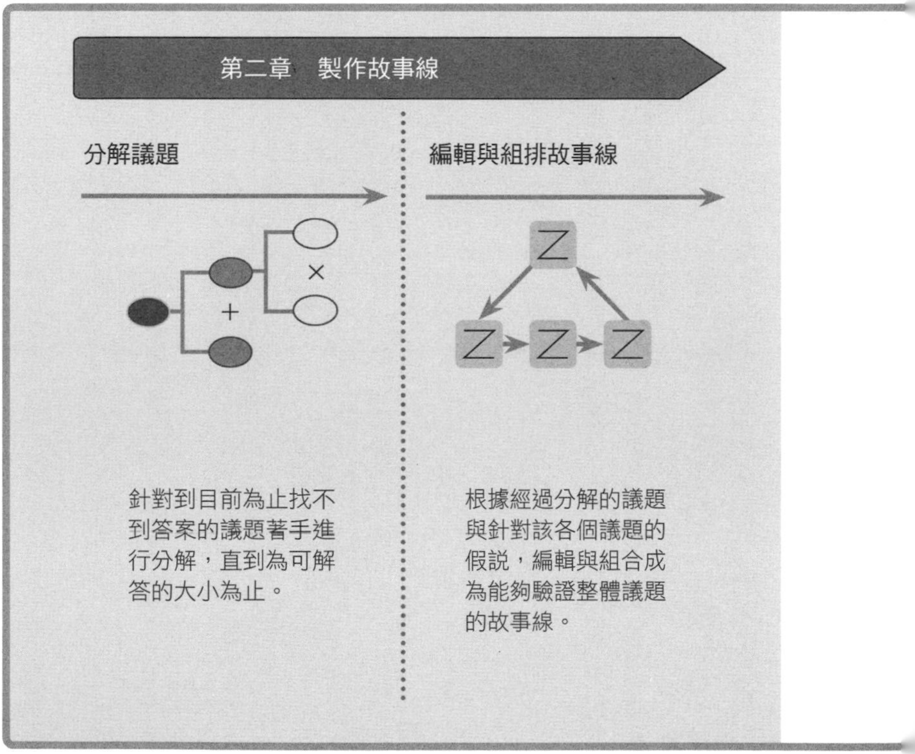
第二章　製作故事線
分解議題
編輯與組排故事線
針對到目前為止找不到答案的議題著手進行分解，直到為可解答的大小為止。
根據經過分解的議題與針對該各個議題的假說，編輯與組合成為能夠驗證整體議題的故事線。

在議題的起點組排故事線

議題分析的第一個步驟是製作故事線，首先，來看個具體案例。

我曾經在自己的部落格中寫過「日本大學的財源問題」，討論的內容是「現在日本國內進行的改革或刪減經費，是否可從財源問題著手解決？」我在一開始，以假說寫下左列的故事線。

1.在日本，即使是主要大學，資金也嚴重不足。
2.日本主要大學與海外頂尖大學的差異，並非來自學費或事業收入（一般認為），而是在於巨額投資、國家補助等收入來源在結構上不同。
3.無論是在投資或補助方面，海外頂尖大學都具有與日本的大學天差地別的資金規模與組織架構，那不是輕易可以追得上的。

4.基於上述內容，以現在日本大學所進行的業務改善或統廢合（統整、廢除、合併）的這些方法，應該難以達成同列世界頂尖大學之列的營運。

5.如果想要建立與海外頂尖大學相當的經濟基底，就應該設定目標以確保大學自主財源及將國家補助增加位數，並描繪朝向該目標的路徑地圖（road map）。

雖然，實際上在這之後還需要進一步落實成可以驗證的細部要素，但相信讀者應該可以大致掌握故事線的意象了吧？

這時候，常可以看見如下的解決方式：

1.到處蒐集相關議題（在這個案例中是大學的財源問題）的資料。
2.當資料蒐集完整的階段，思考其中意涵。
3.將課題排列出來，組排故事線。

像這樣進行個別的分析，加入驗證結果，並且判斷情況；若有「資料是否真的已經蒐集完整？」的疑慮，進而重新蒐集資料。然而，這個方式與在本書中介紹的做法完全相反，本書的做法是要快速地提高生產力，就要從最終的情形倒推思考，也就是說，「可以藉由何種理論與分析，來驗證這個議題與對於議題的假說是正確的」。

製作故事線有二項工作，一是「分解議題」，二是「根據經過分解的議題組排故事線」；接下來，針對「分解議題」進行說明。

步驟一　分解議題

有意義的分解

大多數的情況下，主要議題是很大型的問題，所以很難直接立即找出答案。因此要將原始的主要議題分解成「可找出答案的大小」為止。經過分解的議題稱做「次要議題」。藉由提出次要議題，可讓各部分的假說變得明確，導致最終想傳達的訊息得以明確。

當分解議題時，重要的是要分解成為「彼此獨立、互無遺漏」的程度，而且每個次要議題「本質上具有意義，而且不能再往下分解的程度為止」。

比方說，如果以「雞蛋中各種成分對於健康的影響」為主要議題，次要議題大概就是需要將蛋白與蛋黃等成分個別分開討論吧？可是，卻時常可看見很多將次要議題全都設定成就像白煮蛋切片一般，全是些大同小異的內容。雖然確實彼此獨立、互無遺漏，但這樣的次要議題究竟想要比較什麼，想要找出什麼答案，實在令人摸不著頭緒（【圖表19】）。

也許你會認為「哪有人那麼笨？」不過，實際上會看到許多類似的例子。

雖然「彼此獨立、互無遺漏」的概念，通常以「MECE」（發音mee-see）的名稱說明，卻也有很多人在剛開始的初學時期，始終無法著眼於分解真正應該切割區分的架構。

比方說，如果討論「希望挽救某商品的營業額」的課題時，當想要分解「營業額」時，區分的方式包括「市場規模」乘以「市占率」，或是「使用者數」乘以「客單價」，以及「一級城市的營業額」加上「二級城市的營業額」加上「其他地方營業額」等。雖然每個

【圖表19】 比一比！無意義的分解vs.有意義的分解

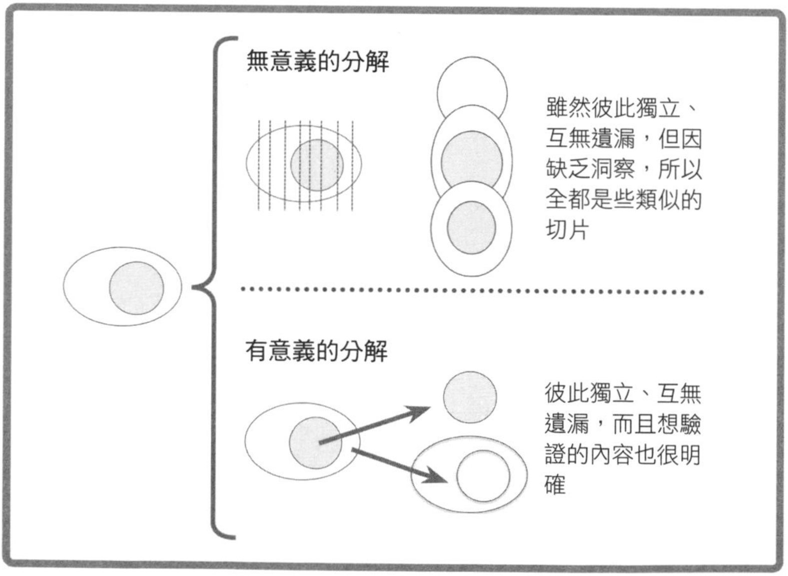

都是「彼此獨立、互無遺漏」，但是，各個討論迂迴，最終絕對不會到達相同的答案。也就是說，在入口處的「區分方式」一旦錯誤，分析的本身很可能因此變得非常困難。因此，以「本質」為單位區分（就像是因數分解一樣）是非常重要的重點。

「事業理念」的分解

以下舉例來思考關於議題的分解。

針對「討論出可做為新事業理念的點子」的企畫案，因為「事業理念」本身是非常大的概念，所以就算要直接提出假說再琢磨，也只能先提出很模糊的假說。如果說「所謂事業理念是什麼」，我想應該會有各種的想法，而我舉出一個其中應該會包含如下的內容。

1. 該鎖定的市場需求
2. 事業的獲利模式

如果將事業理念以這二個要素相乘思考，雖然相互受到制約，但也可以將各自視為獨立的要素進行處理。

在沒有具體假說的階段中，「市場需求」的議題會是「鎖定什麼樣的市場區隔及需求？」而「事業的獲利模式」的議題會是「以什麼樣的事業組織架構提供價值，並讓事業永續經營？」（【圖表20】）

在這個階段，議題仍然很大，似乎可以繼續分解，如同一個數字仍然可以進行因數分解一般，所以，要找出答案，還需要更進一步切碎（分解）。「市場需求」若落實成下述三個次要議題，將比較容易設立假說，也可以與具體的討論接軌。

【圖表20】 事業理念的架構

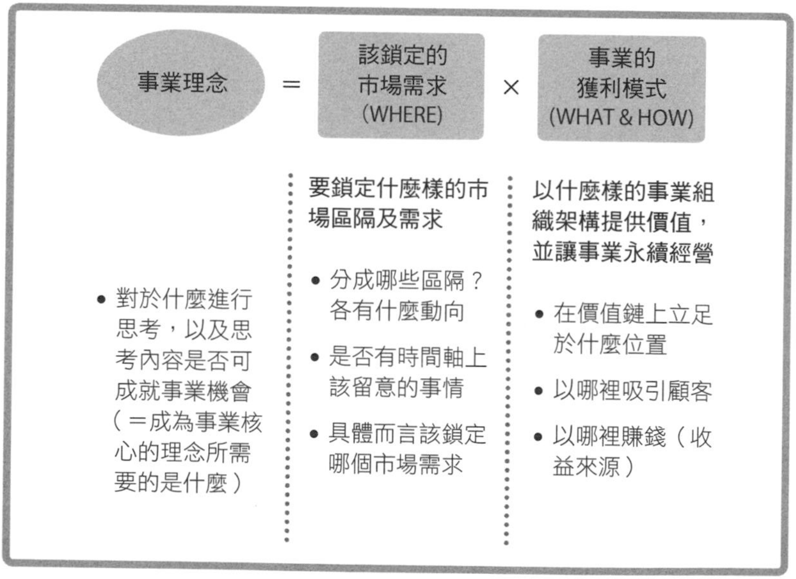
事業理念
=
該鎖定的
市場需求
(WHERE)
×
事業的
獲利模式
(WHAT & HOW)
要鎖定什麼樣的市場區隔及需求
以什麼樣的事業組織架構提供價值，並讓事業永續經營
• 對於什麼進行思考，以及思考內容是否可成就事業機會（＝成為事業核心的理念所需要的是什麼）
• 分成哪些區隔？各有什麼動向
• 是否有時間軸上該留意的事情
• 具體而言該鎖定哪個市場需求
• 在價值鏈上立足於什麼位置
• 以哪裡吸引顧客
• 以哪裡賺錢（收益來源）

- 分成哪些區隔？各有什麼動向？以需求觀點觀察各個區隔及區塊的規模及成長度；
- 是否有時間軸上該留意的事情？有沒有發生不連續的變化及具體內容？是否發生使用者轉換趨勢及詳情？由國內外成功案例獲得的心得是什麼？
- 具體而言該鎖定哪個市場需求？可取得的選項、來自競爭者觀點的評價及自家企業的強項、以及由處理容易度觀點觀察的評價。

針對「事業的獲利模式」，也一樣進行分解（【圖表20】）。

分解議題的「模具」

目前為止的內容，是否讓你覺得「分解議題好像是件大工程」呢？還好大部分典型的問題都有分解議題的「模具」，可以用來度過難關。

剛才介紹的「事業理念的分解」也是典型模具的一種，而在商業界隨手方便使用的是用於事業單位擬定策略時稱做「WHERE、WHAT、HOW」的模具。內容非常簡單：

- WHERE：該鎖定什麼樣的領域？
- WHAT：該建構什麼樣具體的致勝模式？
- HOW：該如何具體實現？

就依照上述三個項目分解並整理議題。

另外，在此所說的事業策略的定義是：

- 基於對包含市場在內的事業環境構造的了解
- 讓自家企業持續獲利的致勝模式明確化
- 整合成為一貫的商業處理

要像這樣可以明確定義的內容，才能以其為基礎分解議題。即使不能直接找出答案，但大部分都可以成為某種提示吧？

以我所處的科學界腦神經領域為例，大多數可以用下述三個項目將議題分解。

- 生理學方面（功能）
- 解剖學方面（形態）
- 分子細胞生物學方面（架構）

例如討論「某個疾病的原因」，大概就是類似下述感覺。

- 神經的功能發生這樣的異常（功能）
- 帶來如此的神經系統變化（形態）
- 那就是成為這個基因變化的導火線（架構）

大部分的研究主題都有像這樣用於分解的「模具」，不過，最強的還是製作「加入自身觀點的模具」。希望各位每次處理新主題的時候，都先蒐集過去相似的實例進行觀察，以共通項目為基礎，再加上自己所在意的觀點，製作成為「自己專屬的模具」。

缺乏模具時就「倒推」

當議題比較新，有時候幾乎沒有可用於分解議題的模具。在商業領域，雖然專業的顧問公司就是為此存在，可是也不能總是凡事拜託這些專業工作者。而且在科學的研究領域，並沒有相當於顧問公司的單位存在吧？不過，在這種時候還是有解法。

比方說，試著設想目前面臨的狀況，是必須開發現在幾乎可以說不存在的「電子商品券」這項商品。

在這裡所謂電子商品券的定義是「價值存在於網路上，限制可使用的地方。而且可贈送他人」，這和「電子錢包」截然不同的概念。因為是還沒實際存在的商品，所以構成商品的要素，也就是架構本身不清楚。

在這樣的情況下，如同第一章曾提及的，試著從「最終想要的」開始思考。

在這個以商品開發為課題的案例中，「最終想要的」應該是「成為核心的商品理念」吧？也就是下述的這麼一回事：

1.何時？由誰？在什麼情況下使用？為什麼這會比既有的付費方式更有利？

如果這些內容不弄清楚，什麼都無法開始。

僅次於理念所需要的是：

2.會發生什麼樣的費用與成本？該如何分工負責？如何能符合預算？

這些就是所謂的「經濟效益」，若是信用卡，是由「發卡公司」、「增加利用店鋪及負責維修的公司」和「進行電子資訊處理的公司」這三家公司分工，並負擔費用的情況下運作整體業務。在電子商品券的情況，也需要查明由誰負責發行價值的功能。要先將功能篩選出來之後，再決定各個功能分別由哪個公司負責。而且，光是具備這些，並不足以成為一門生意。

3.基於這個架構可以建構什麼樣的系統，並可以做什麼樣的運用

這些「ＩＴ系統」的討論也是不可或缺的項目。

如果就上述第一至三項可能可以「構成」基本的商品，但光是這樣還是不足以成為一門生意。構成還需要加上：

4.這項電子商品券要取什麼名字（命名）？與既有品牌間屬於什麼關係（建立品牌）？廣告標語和基礎設計如何處理（建構識別系統）？整體而言將如何進行促銷？

諸如此類廣泛的行銷課題。

而且，這樣還缺少很重要的部分，比方說：

5.確定使用店鋪與發行單位與設計擴大的目標，並推行「策略合作」

6.具備「店鋪支援業務的設計」，對於導入店家提供操作訓練與總公司的維修、支援服務

這二項也是必備的。像這樣試著設想模擬狀況，就會知道在這個電子商品券的案例中，

至少有六個討論事項的大方向，其中各自具有該找出答案的議題。

像這樣從「最終想要的是什麼？」來推想，針對其中為必要性的要素多次設想模擬的狀況，正是分解到「彼此獨立、互無遺漏」程度的基本功。

分解議題的功用

分解議題及整理課題的擴展具有以下的二項功效。

1. 容易看出課題的全貌

2. 比較容易看出在次要議題中處理先後順序較高的次要議題

我們再來看一次剛才的電子商品券案例。關於課題的全貌，是分解議題的結果，才可以逐漸看出該討論的事項的發展。應該「將什麼討論到何種程度」都變得非常明確，也可以了解除了這六項之外的事項，並不需要那麼費盡心力了。並且，從中可以得知對於先後順序，一開始該整理的課題就是製作「成為核心的理念」，其次是「經濟上的架構」，其他的課題在這些完成之後再處理就可以了。這麼一來，就可以有概念知道該如何設計討論的圍籬，或者人員的分工該如何配置（【圖表21】）。

也就是說，當有不同的「異物」混在討論當中時，就用討論的「圍籬」將它隔開，而讓現狀上最有意義的議題更加明確。

分解後各自建立假說

第一章曾說明「提出假說」的重要性，但假說要排在議題分解之後的階段也是非常重要的事情。對於議題分解後所看見的次要議題，也採取立場設立假說。如果有選好「成為假說基礎的想法」當然是再好不過，但就算沒有，也要勉強自己採取立場。排除模糊地帶，因為讓訊息愈清

【圖表21】 次要議題的相關性：以電子商品券為例

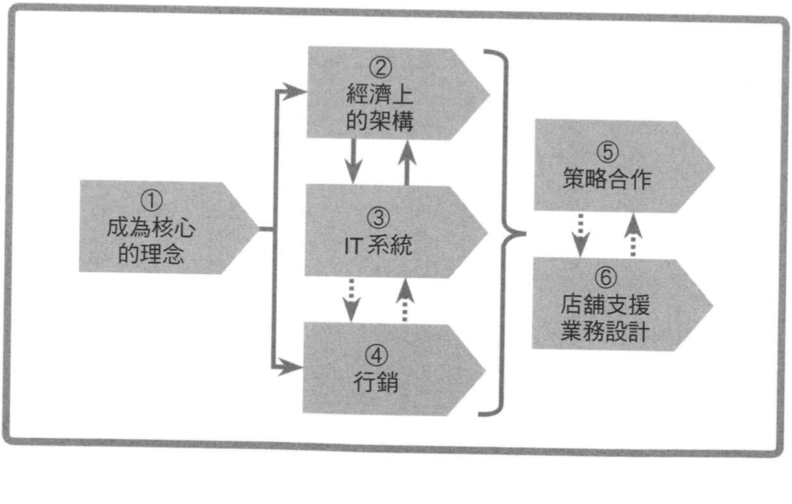

楚，需要分析的意象就會愈明確。與查明整體的議題時相同，絕對不能說出像「不打開蓋子看一看，就無法知道盒子裡究竟有什麼」這樣的話。

在第一章已經說明過，所以在此補充，在討論事業策略時，時常可看見的次要議題包含「往後的市場會如何」。關於這一點也是一樣，如果無法提出假說，就不會知道「究竟是以什麼樣的觀點，才看出次要議題是真正的問題所在？」

- 將技術革新的影響視為問題
- 認為新加入者影響競爭環境
- 將規模上的展望設想成與一般所認為的不同

在這些各個案例中，應該會需要完全不同的分析與討論吧？

【作者的提醒】

MECE與架構

目前為止，針對「分解議題的模具」一路進行說明，但在此想先說明在討論問題的各個情況中扮演重要角色的「MECE」與「架構」二個概念。

在「用於查明議題的資訊蒐集」的情況或「分解議題」的情況下派上用場的「彼此獨立、互無遺漏」就稱為MECE（【圖表22】）。這個詞原本應該是我曾服務的麥肯錫的內部用語，不過，許多麥肯錫「校友」在他們出版的書籍中提及這些專有名詞，因此目前已經廣為周知，所以應該很多人都已經知道了。運用這個想法而用途廣泛的「思維框架」就稱為建立架構。建立架構不但在查明議題時，可以對網羅式的資訊蒐集很有用，且在議題分解場合中，可當成具有廣泛用途的「分解議題的模具」使用。

例如，商品開發等以「事業」為主詞在進行討論，從一般稱做「策略3C」〔顧客（Customer）、競爭者（Competitor）、企業（Corporation）〕開始建立架構，大多都很順利。以下舉例說明：

- 顧客：從新市場區塊可看見的需求涵蓋範圍太大，以現在的主力商品無法滿足顧客，所以潛藏著很大的不滿
- 競爭者：這項需求涵蓋的範圍從競爭者所致力經營的領域來看，近期內大概不會有實質上的競爭
- 企業：這個領域與自家事業的加乘作用大，且在商品的製造上可發揮強項

【圖表22】 MECE＝彼此獨立、互無遺漏

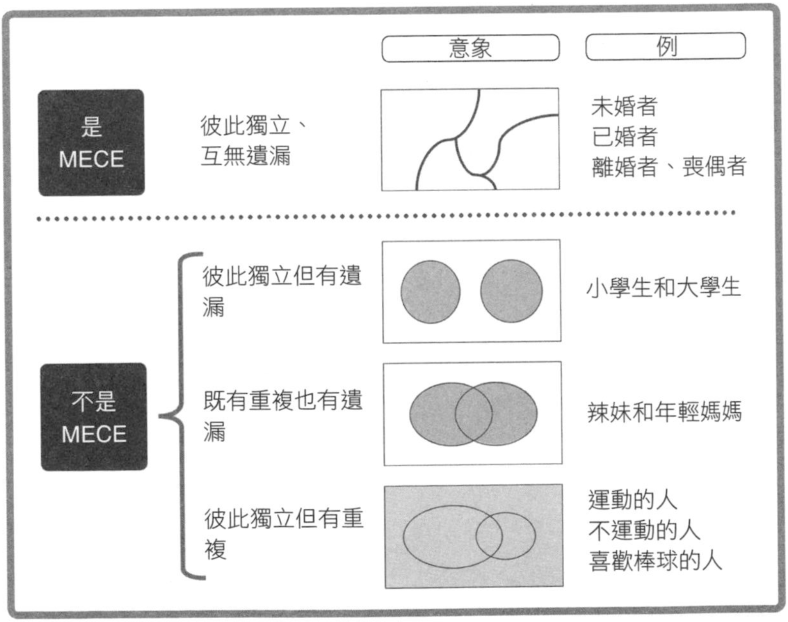

以這些形式分解議題，並組排故事線。

當然，也有些情況找不到適合的架構，這時候，將支持主要議題的次要議題從各個片段中篩選出來，並統整成大致相同程度之後，用起來就如同建立架構一樣。

在篩選出次要議題的時候，使用「知道什麼就可以進行這項決策」的觀點來看。如果是像製造產品時會有「設計、調度、製造、出貨前測試」這些順序一般，照順序產生各個程序的案例，循著時序篩選出要素也是一種方式。無論哪一種，都要使用「彼此獨立、互無遺漏」（ＭＥＣＥ）的思維，尤其在分解議題、建立邏輯的階段中，「互無遺漏」的思維更加重要。

無論在科學界或是商業界，都具有多個已經某種程度受到確立的架構，但可以用於製作故事線的腳本架構卻沒有那麼多。要因應需求加以模仿與區分使用。而且不一定用廣為人知的現有架構，對自己所處理的主題就一定會有幫助。

怕的是太過拘泥於建立架構，將眼前的議題勉強塞進現有的架構裡，而忽略本質上的重點，或者因此而無法產生獨自的洞察或觀點。在本書開頭也提過，一旦變成「如果你手上只有槌子，任何事物看起來都像釘子」的狀況，那就本末倒置了，與其變成這樣

【圖表23】 具代表性的架構：以討論各事業現況為例

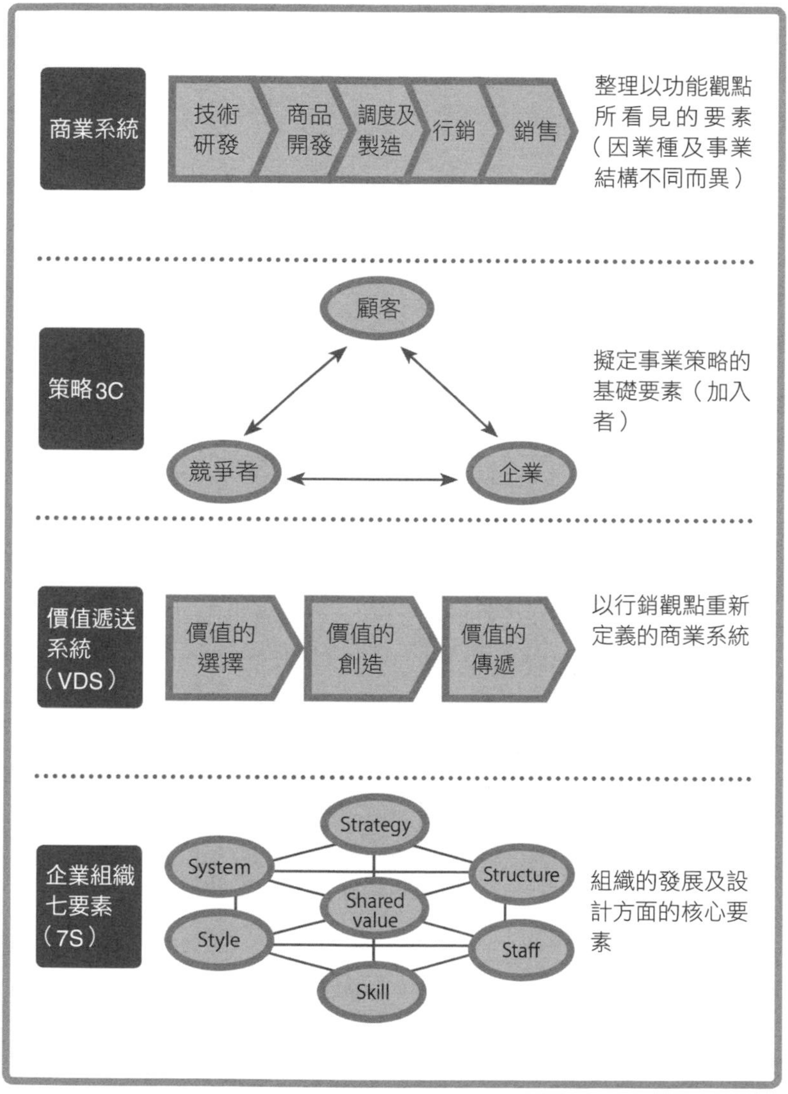

的狀況，不要知道現有架構反而比較好。希望讀者們時常謹記一個觀念，無論是出身於麥肯錫的大前研一提出的「策略3C」也好，或稍早介紹的麥可．波特（Michael Porter）所提倡的「五力」（Porter's Five Forces）也好，無論多麼有名的現有架構並非萬能，也不可能適用所有情形。

步驟二　編輯與組排故事線

分解議題並針對各個議題找出假說，自己最終所想要說的自然而然變得非常明確。到達這裡之後，最後，就只差一步了。

議題分析的下一個步驟，就是根據經過分解的議題組排故事線。為了基於經過分解的議題構造與對於各個議題的假說立場，確實傳達最終想要說的內容，必須思考以什麼樣的順序排列次要議題。

典型的故事主軸類似以下的內容：

1. 共有問題意識及前提所必備的知識
2. 關鍵議題、次要議題的明確化

3.針對各個次要議題的討論結果

4.整理上述項目綜合性的意涵

整理一連串的簡報或論文中所需要的要素，整合成具有主軸的條列式文章。需要故事線的原因有二。

第一個原因，只憑著經過分解的議題或次要議題所提出的假說，不足以構成論文或簡報。比方說，在說明議題分解時介紹的「事業理念」案例中，只陳述事業該鎖定的市場需求，及處理該需求的事業模式這些結論，很明顯地無法成為足以說服對方的故事線。

第二個原因，因為大部分的時候隨著故事線主軸的不同，之後所需要的分析的表達方式也會不同。

如果希望別人了解，就一定需要故事線。這在研究領域就是報告、論文主軸，在商業界就是簡報的主軸。在分析和驗證都還沒完成之前，就要以「提出的假說都是正確的」為前提製作故事線。先思考究竟以什麼樣的順序與主軸，可以讓人認同自己所說的內容，甚至感動及有同感，並根據經過分解的議題確實地組排這樣的故事線。

事業理念的故事線

接下來，具體想想看故事線的編輯與組排。以「【圖表24】議題的分解與故事線的組排：以事業理念例」為案例，應該會需要如下的故事線：

▼1.問題的結構

- 該解決的問題是「該鎖定的市場需求」與「事業的獲利模式」這二者相乘
- 現在二者都還很模糊，需要分別重新檢視

▼2.該鎖定的市場需求

- 需求的擴展
- 時代的趨勢及不連續變化的發生（趨勢、競爭環境）
- 發揮自家企業強項的區塊（基於上述而鎖定的點）

▼3.事業的獲利模式

●在這個領域取得的事業的獲利模式有五個（擴展模式）

●從提升收益的容易度及發揮自己強項的容易度來看，該選模式A還是B（適用性高的模式）

●模式A、B成立的關鍵條件分別是……

▼4.事業理念的方向

●該鎖定的市場需求與該鎖定的事業的獲利模式相乘之後，所看好的事業的獲利模式有下述四個（看好的理念）

●各個理念的具體意象為……

類似腳本分鏡圖、漫畫分格圖

製作故事線與製作電影或動畫的腳本分鏡圖，或是漫畫分格圖（統整大綱與粗略的意象）的流程近似。劇作家與漫畫家都在創作新作品的過程中歷經千辛萬苦，而以提高生產力

【圖表24】 議題的分解與故事線的組排：以事業理念為例

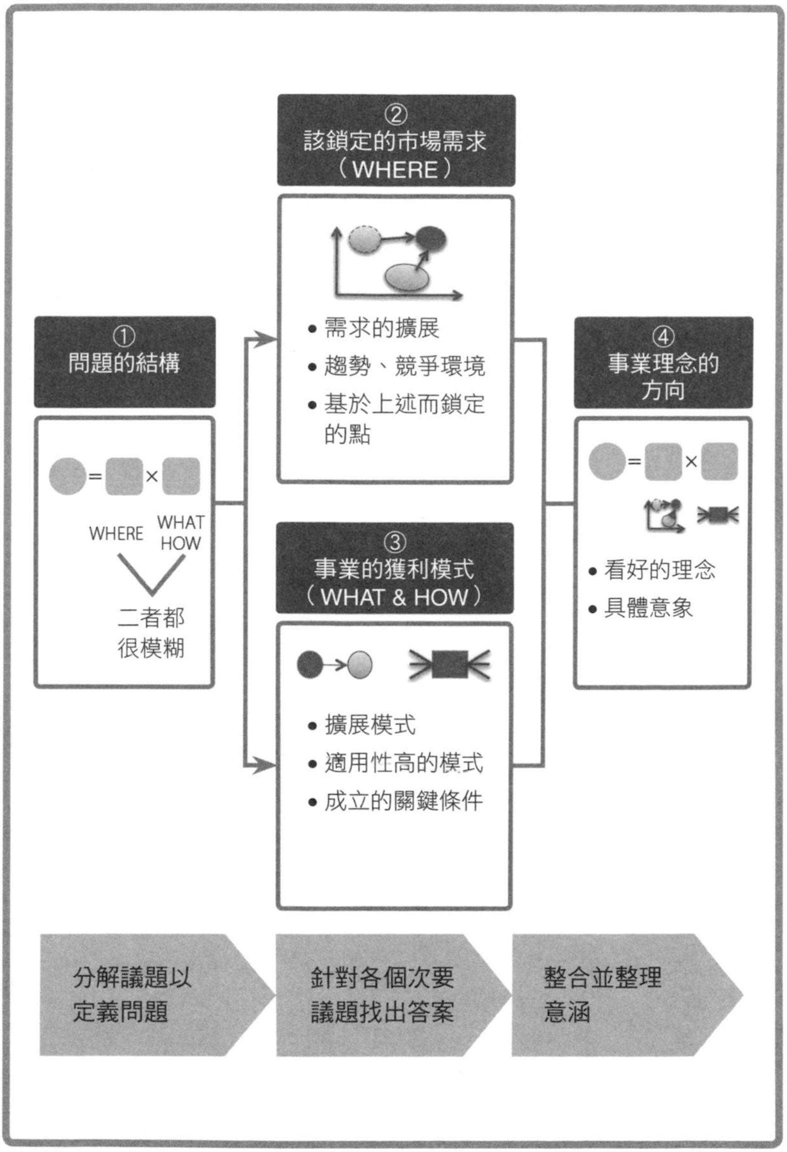

為目標的我們，也在這個階段絞盡腦汁。記錄迪士尼（Disney）與皮克斯（Pixar Animation Studios）的動畫《超人總動員》（*The Incredibles*）製作團隊工作情形的影片中，有些話語令人印象深刻。

「腳本沒寫完，就無法繼續往前邁進。」

「我曾經想到過有趣的畫面，可是，只有畫面有趣也沒什麼用，前後情節的串聯與配合才重要。」

「對作品而言（就算是動畫），最重要的還是故事。先要掌握到細微動作，並將故事區分為各階段。然後，才是著手製作影像。」

——馬克・安德魯（Mark Andrews）

（按：馬克・安德魯為《超人總動員》故事總監，也是皮克斯動畫師。）

「寫腳本真的很辛苦，一開始什麼都沒有，不過只要一旦有故事產生，接下來就會自行展開。」

「要強調畫面中主要的事情，其他的則省略，不是只要照實寫就好那麼簡單。」

——布拉德．柏德（Brad Bird，《超人總動員》編劇兼導演）

〔按：布拉德．柏德為迪士尼動畫編劇與導演，作品包括《料理鼠王》（*Ratatouille*）等。〕

覺得如何？感覺很像，不是嗎？

故事線的功能

只要說儘可能提早製作故事線，就會有人說：「要定案了嗎？如果沒有想到什麼好主意就完蛋了，對吧？」

不過，這真是個天大的誤會。在討論進行中，每當找到次要議題的答案，或有新發現或新洞察，故事線就要跟著改寫，一直推敲琢磨下去。全程陪伴討論問題的好朋友就是故事線。接下來，再次整理在各個階段中故事線所扮演的角色。

▼起步階段

在這個階段中，故事線用於蒐集「究竟為了驗證什麼而該怎麼做」的這些目的意識。故事線才能使討論的範圍明確。如果一開始的階段就能確定故事線，將讓團隊的行動態度不再分歧搖擺，也比較容易分配工作。

▼分析和討論階段

實際上進入分析的階段後，故事線的重要性日益增加。藉由審視故事線，可以讓對於議題的假說驗證到什麼程度的進度變得明確。在每次產生分析結果或新的事實時，故事線就會增添細節或更新。而且故事線也是團隊開會時，可以使用的工具。

▼在統整的階段

來到這個階段後，故事線已經成為處理最後簡報資料及論文的最大推進器。而且，故事線在職場中的簡報即為總結，在論文中就是開宗名義的摘要。在這個階段，語言的清晰度與邏輯的流暢度具有關鍵影響，而要琢磨這些要素，故事線是不可或缺的關鍵。

各位讀者是否可以理解，想要「定案」，其實有很多細微的過程？

故事線是活的，分析與蒐集資料都只不過是追隨故事線的「隨從」。在這裡不能以明確的語言表達的想法，最終也將無法傳達給別人。如果你是只能浮現一些模糊點子的人，我建議每天進行「列出議題與假說」，以明確的主詞與動詞，將自己真正想要說的內容用條列式書寫清楚。這個整理工作將連結上故事線，最後成為自己與團隊活動的指標。

故事線的二個模具

恐怕很多人聽到「以這個為基礎進一步構思故事線」時，腦中可能會浮現「啊？什麼？」不過，如同分解議題一般，在這裡也有許多經過淬鍊的「模具」可用，所以大可放心。雖說解決問題一定要在現場累積經驗才學得會，但是沒有比先知道箇中訣竅與重點更好的事情；這就像是練習學騎腳踏車一樣的道理。

在以邏輯製作故事線時，有二個模具可以用。一個是「並列『為什麼』」，另一個則是稱做「空、雨、傘」（確認課題、深掘課題、做出結論）。使用其中一個模具做為故事架構，可以比較容易完成故事線。

▼並列「為什麼？」

並列「為什麼？」是很簡單的方法，也就是針對最終想傳達的訊息，將理由或具體的進行方式以「並排」的方式列出，以此支持該訊息。也有些情況是並列各項方法。

例如，最終想傳達的是「該投資案件A」時，至少需要以下三個觀點，並列各自的「為什麼？」

1.「為什麼案件A有魅力呢？」

市場或技術觀點的展望及成長性、預期的投資回收時間點、從市場行情看見的購買度、非連續經營風險的有無與程度感等。

2.「為什麼該著手處理案件A呢？」

相關事業中該案件所帶來的價值、技巧和資產與規模、或其它競爭優勢、是否容易有進入障礙等。

3.「為什麼可以著手處理案件A呢？」

投資規模、投資後操作的實際面等。

如果使用「第一、第二、第三這些類型的說明」可能比較淺顯易懂。在這裡仍然要防止來自決策者或評價者攻擊「那個論點現在究竟怎麼樣了」，所以要以「彼此獨立、互無遺漏」的原則選擇重要的要素。

▼空、雨、傘（確認課題、深掘課題、做出結論）

另一個製作故事線的基本形式是稱為「空、雨、傘」的模具。我想對大多數的人而言，這個方式應該是比較容易習慣的吧？

●「空」：○○是問題（確認課題）
●「雨」：要解決這個問題，必須查明這裡才行（深掘課題）
●「傘」：如果是這樣，就這麼辦吧（做出結論）

這個方式就是像這樣組排故事線，以支持最終想要傳達的事情（通常結論就是「傘」）。我們一般日常對話當中使用的幾乎都是這個邏輯。順便一提，剛才討論的「事業理念」的案例也屬於這個方式。

今天要出門的時候想到「是不是該帶傘出門」，這是我們日常生活中時常會面對的議題，當要找出答案的時候，我們通常會以下述流程判斷：

- ●空：「西邊的天空好晴朗啊！」
- ●雨：「以現在天空的情況看來，短時間內應該不會下雨吧？」
- ●傘：「這樣一來，今天就不用帶傘出門了！」

這就是統整的過程。以這個「空、雨、傘」進行討論時，大部分的勝負取決於「雨」的階段深掘課題的程度。

無論是「並列『為什麼？』」還是「空、雨、傘」，最終想傳達的內容結構都是由數個次要訊息所支持，所以用視覺展現就成為【圖表25】中金字塔

【圖表25】 金字塔結構

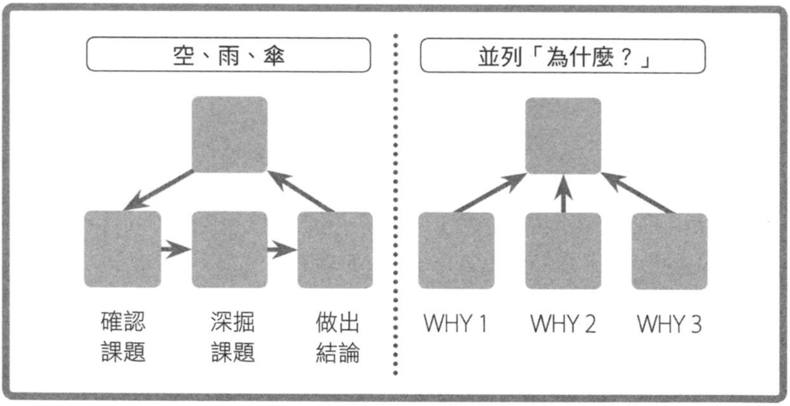

的圖形。

「金字塔結構（Pyramid Structure）」就是活用「並列『為什麼？』」或「空、雨、傘」這類邏輯結構，用於在短時間內向客戶傳達結論以及支持結論的重點。反過來說，這個結構的功能只不過如此，如果已經能夠像這樣達成結構化傳達，也就不用太在意什麼結構的名稱了。

第三章

假說思考二

——圖解故事線

（實驗）有二種結果。倘若結果驗證了假說，就表示你測到什麼。倘若結果推翻了假說，就表示你發現什麼。

——恩理科・費米

恩理科・費米（Enrico Fermi）：物理學家，一九三八年諾貝爾物理學獎得主。引述摘自《核工原理》（*Nuclear Principles in Engineering*），塔加那・傑摩維克（Tacjana Jevremovic）著。

什麼是連環圖？

找到議題並完成驗證該議題的故事線之後，接下來，就要進行圖解、設計分析意象（各個曲線圖或圖表傳達的訊息）。在這裡絕不能說「沒有分析結果就無計可施」。基本上，在思考「最終該傳達的訊息（＝經過證明的議題假說）」時，要思考什麼樣的分析會讓自己贊同，以及說服對方，再循著故事線提前製作從上述思考中所設想的內容。

我將這個製作析分意象的步驟稱為製作「連環圖」。分解議題、組排故事線都只是停留在文字階段而已。在此，藉由將具體的資料意象製作成視覺圖像呈現，突然間，就可以看見最終輸出（成果）的藍圖；本章將介紹屬於議題分析後半段這個步驟的要點。

製作連環圖與模型或建築的設計圖很相似，一般認為，既然是設計圖，直接從設計圖開始著手不是很好嗎？但是，那是很危險的事情，因為如此一來，很可能蓋出的建築物會缺少「邏輯」這根主梁大柱。事實上，隨處可見「沒有深入了解市場，就自以為是，關起門來擬定事業計畫」的例子，甚至進展到執行階段，這正是「欠缺主梁大柱的建築物」。如此一來，很可能在蓋好的瞬間就傾倒。為了不要演變到這麼恐怖的情況，還是需要第二章所介紹的查明議題與分解議題，以其為基礎製作故事線（【圖表26】）。

製作連環圖的意象

接下來，針對何謂「連環圖」再多做一點說明。基本上，循著分解議題而排列

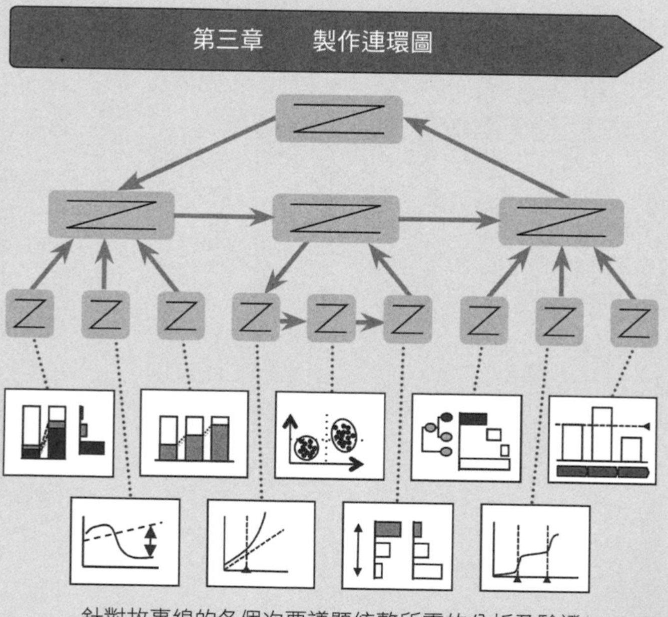

針對故事線的各個次要議題統整所需的分析及驗證的意象

出的故事線，將需要分析的意象排列出來的圖像，就稱為連環圖。只要需要就直接畫下來，張數不受限制。

這個步驟使用固定的格式，進行起來會比較方便。將紙縱向分割以整理次要議題（故事線上的假說）、分析意象、分析手法與資訊來源。由團隊進行這項工作時，也可以更進一步在旁邊寫上負責人與截止日，當填完的時候，連環圖就此完成（【圖表27】）。

【圖表26】 議題分析的全貌與製作連環圖

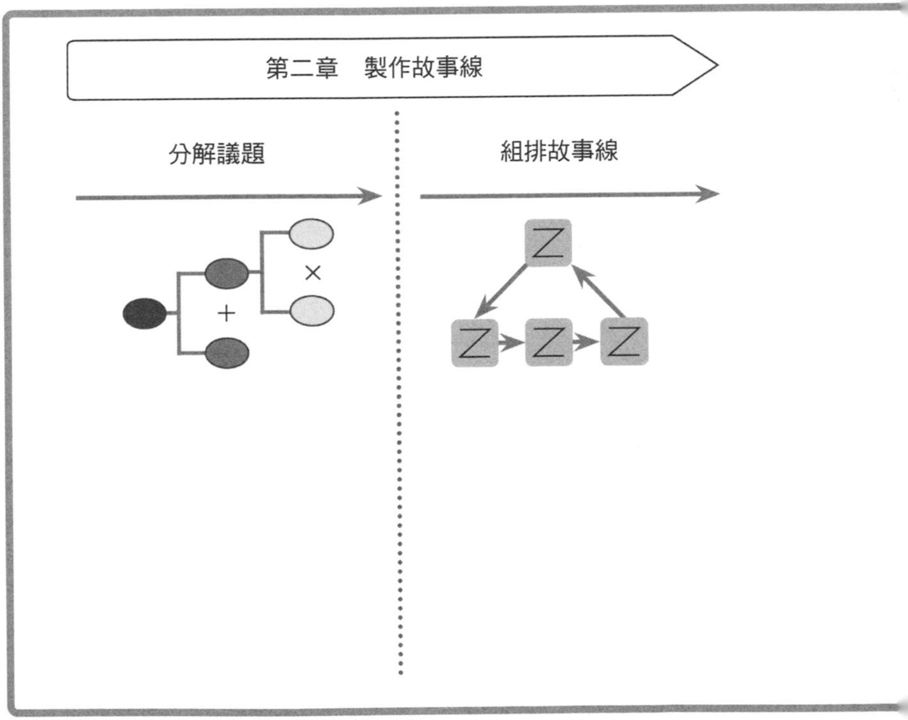

【圖表27】 連環圖的意象

課題領域	次要議題（故事線中的假說）	分析意象	分析方法、資訊來源
現狀認知	在日本，即使是主要大學，資金也嚴重不足	每位學生的預算比較 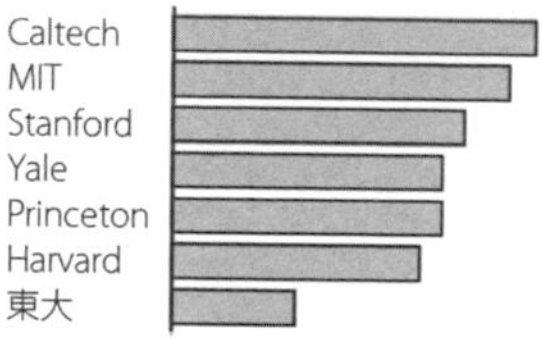	• 各校的年度報告 • 網頁 • 相關報導
現象的背景	差異不是來自學費或事業收入，而是在於巨額的投資收入及國家的補助等收入來源在結構上不同	每位學生的預算細項比較 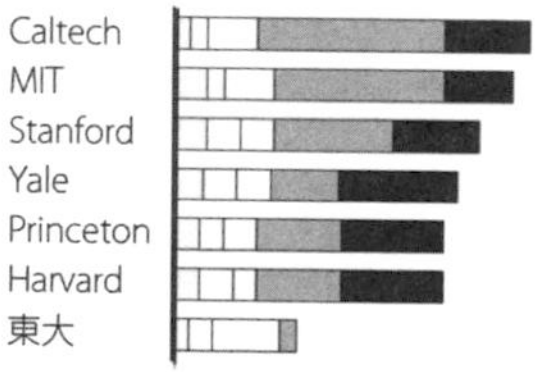	（同上）
結構性差異的形成原因(1)	投資收益的差異的原因在於海外頂尖大學具有與日本大學天差地別的資金規模與組織架構，難以輕易解決	運用資金的比較 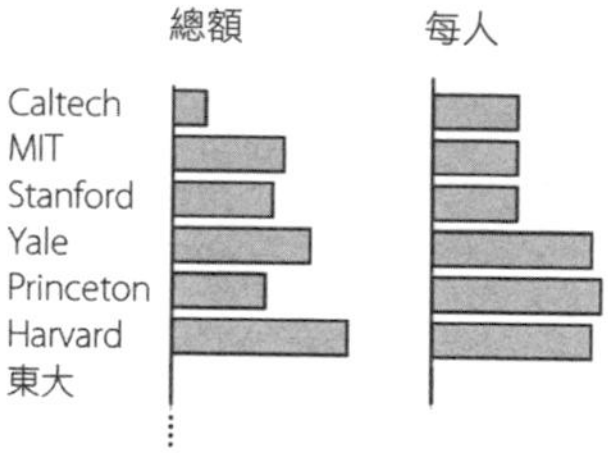	（同上）

按：Caltech：加州理工學院；MIT：麻省理工學院；Stanford：史丹福大學；Yale：耶魯大學；Princeton：普林斯頓大學；Harvard：哈佛大學；東大：東京大學

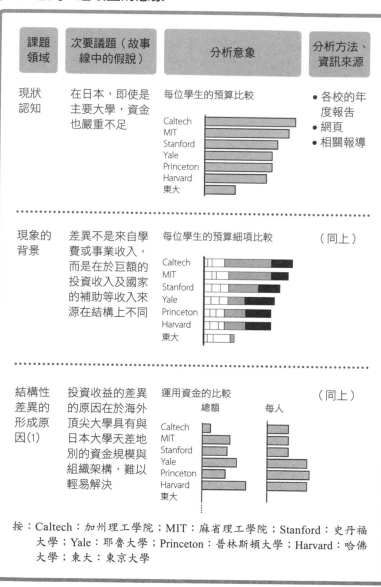

等到累積一些經驗，已經都清楚比較熟悉的主題該取得的資料的資訊來源或調查方式，可以簡單將紙區分成幾個方格，只製作分析意象就好（【圖表28】）。這時候，對於什麼樣的議題該對應什麼樣的分析意象，也要先確認清楚。

製作連環圖需要先做好重要的心理準備就是「大膽乾脆地描繪」。

建議各位不要先思考「比較可能取得哪種資料？」而是以「想要獲得什麼樣的分析結果？」為起點製作分析意象。這時候，要以「從議題開始」的思想來設計分析也是很重要的。先想「這部分應該可以取得到資料」而屈就資料設計分析，其實是本末倒置的做法，一旦犯下這個錯誤，至此為止所進行的議題查明與故事線的製作都白費了。必須以「如果有什麼樣的資料，就可以驗證故事線的各個假說＝次要議題」的觀點大膽地設計。當然，若之後如前述，在現實上無法取得資料也沒有意義，所以讓思慮需要顧及若想取得該資料會有哪些方法，也是繪製連環圖的存在意義之一。有時候可能有些情況以既有的方法都無能為力，還是會需要大膽地採取一些特殊手段。像這樣從議題的觀點出發，加強蒐集資料方式或分析方法，有助於自我提升（加強能力），這是好的現象，也算是一種證據，代表你是以正確的方式並且基於議題製作連環圖。

【圖表28】 製作分析示意圖：以活用九宮格為例

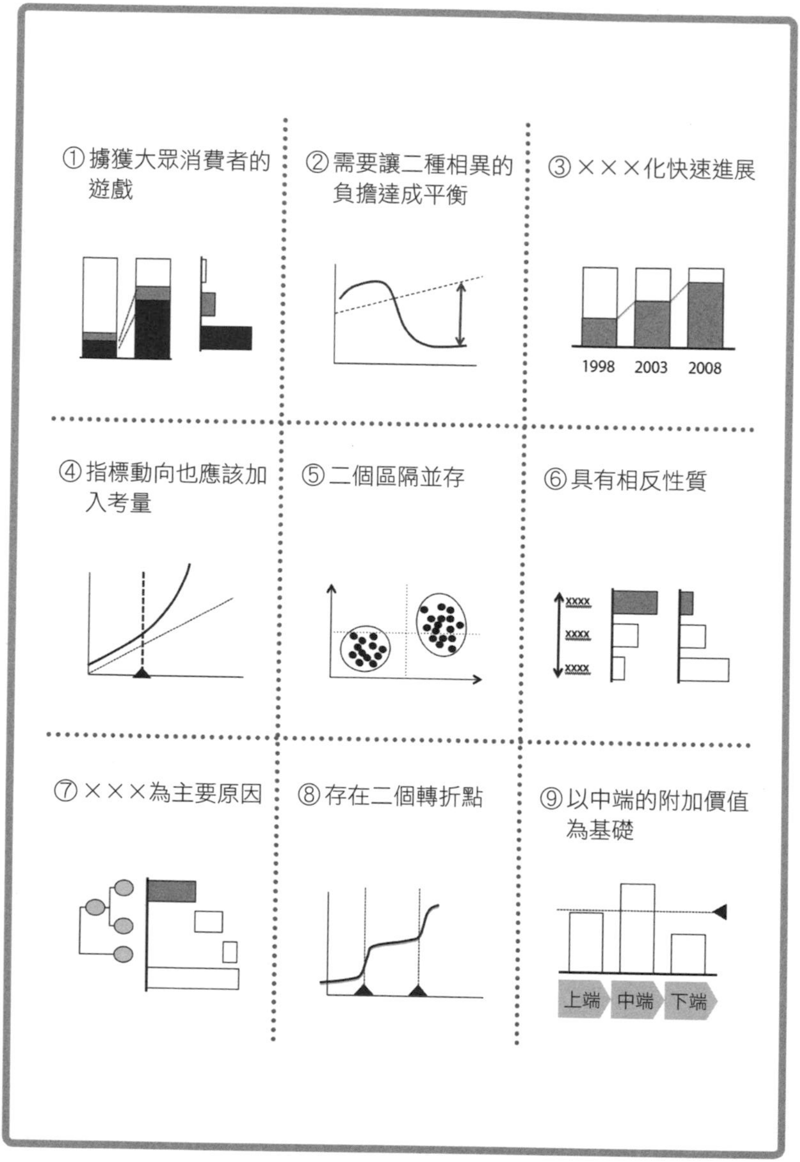

接下來介紹製作連環圖的步驟：找出「軸」、意象具體化、清楚標示取得資料的方法，以及分別所需注意的事項。

步驟一：找出「軸」

分析的本質

製作連環圖的第一步就是製作分析的架構，也就是找出「軸」。在這裡所說的「軸」是指分析中縱向與橫向的擴展。不是單純「針對○○進行調查」，而是具體設計「以什麼軸？用什麼方式？比較什麼數值？」

我至今已經對許多人進行有關分析的訓練，這時候，我每次都問相同的問題，那就是「所謂分析，究竟是什麼呢？」

所得到的答案，大部分不外乎以下二種：

- **分類**
- **以數字表示**

最近可能拜事業策略相關書籍充斥之賜，也有如下的答案：

●針對策略課題討論

這些雖然分別都具有各自的意義，不過就「分析的本質」這個觀點來思考，這些答案都不算正中紅心。

雖然「所謂分析就是分類」是時常可見的答案，可是其實也有很多「不分類的分析」。例如想要驗證「以平均所得為例，東京比地方二級城市來得高」的現象，以我的出生地富山縣來說，只要直接比較東京都與富山縣各自每人或每個家庭的平均所得就夠了。如果擔心有「東京和地方二級城市的年齡層不同」的爭議，就比較相同年齡層彼此的平均所得，完全沒有「分類」的必要。

那麼，「所謂分析就是以數字表示」的說法又如何呢？乍看之下，好像很正確，但事實上也有「不用數字表示的分析」。例如將被視為歐洲原人的尼安德塔人（*Neanderthal*）（按：一八五六年，在西德的尼安德塔河流域出土的舊石器時代人類）的頭骨，與現代人的祖先克羅馬儂人（*Crô-Magnon*）（按：一八六八年，在法國的克羅馬儂石窟發現的舊石器時代晚期人類）的頭骨疊合比對。於是發現，眉毛上方部分的骨頭隆起方式及額頭的傾斜等，可以看出各種的差異，這些都是在教科書或論文中時常可見的分析；或在調查某種藥品對神經形態造成的影響，也有一種做法是依藥劑的有無或濃度不同拍照片加以比較。雖然完全沒用到數字，卻仍是完整的分析。

至於「所謂分析就是針對策略課題討論」也是一樣，只要看看那些不以策略課題為主題的領域，比方說科學研究，也是每天都在進行分析，就不難知道這是個未觸及本質的答案。

「所謂分析究竟是什麼？」

我的答案是「所謂分析就是比較，也就是相比」。分析有一個共通點，那就是公平地互相比較，找出其中的差異。

比方說，聽到「巨人馬場很高大」〔按：巨人馬場（Giant BABA）本名馬場正平（Shohei BABA），日本職業摔角選手，身高二〇九公分。一九三八年一月二十三日生於日本新潟縣，一九九九年一月三十一日因癌症往生〕的說法，試著拿去問周遭的人「你認為這是分析嗎？」結果大部分的人都回答「我不認為是分析」。但是，若讓大家看看如【圖表29】所示，將巨人馬場的身高與日本人及其他國家的人的平均身高比較，這次大部分的人都回答「這是分析」。

其中的差異只在於有沒有「比較」，「比較」讓文字或語言具有可信度、讓邏輯成立，而且找出議題的答案。卓越的分析是縱軸、橫軸的擴展，也就是「比較」的軸必須很明確。然後，各軸都將直接與找出議題的答案之間產生連結。

換句話說，在分析中，適切的「比較軸」成為關鍵。要思考以什麼樣的軸比較「什麼和什麼」才能找出議題的答案，這正是製作連環圖的第一步。「要做定性分析還是定量分析呢？該以什麼樣的軸比較什麼和什麼呢？以什麼方式進行條件的區分呢？」思考這些項目才是分析設計的本質。

【圖表29】 分析的本質：巨人馬場的例子

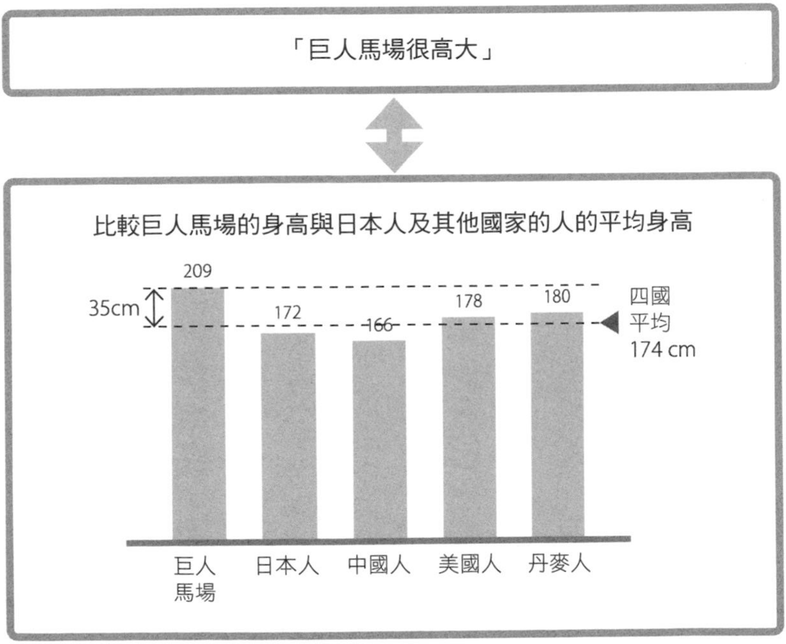

定量分析的三個模具

定性分析的設計，主要是將資訊賦予意義進行整理並分類，不過，分析之中半數以上的定量分析中，所謂的比較只有三種。雖然說法有很多種，但其背後所存在的分析思維就只有三種。只要先掌握這一點，分析的設計瞬間變得輕而易舉。那麼，各位讀者知道這三種模具究竟是什麼嗎？答案如下：

1. 比較
2. 構成
3. 變化

無論用多麼新穎的分析詞彙表達，實際上都只不過是這三種變化或組合而已（【圖表30】）。

接下來，進一步介紹各項內容。

▼比較

「分析的本質就是比較」，比較是最一般的分析方式。以相同的數量、長度、重量、強度等某個共通軸比較二個以上的值。雖然簡單，但光是這樣，只要軸選得好，就會成為明瞭且強而有力的分析。若能以富含洞察力的條件進行比較，就會達成讓對方認同的結果。深入思考該條件，正是比較（縱軸與橫軸）的動作。

▼構成

構成是將整體與部分做比較。像是市場占有率、成本比率、體脂肪率等，很多概念是藉由將部分相對於整體進行比較，才具有意義。「這個飲料的甜度是百分之八」也是，思考「以什麼為整體做思考？從中抽取什麼出來討論？」的意涵，就是在整理構成的「軸」。

【圖表30】 定量分析的三種模具：比較、構成、變化

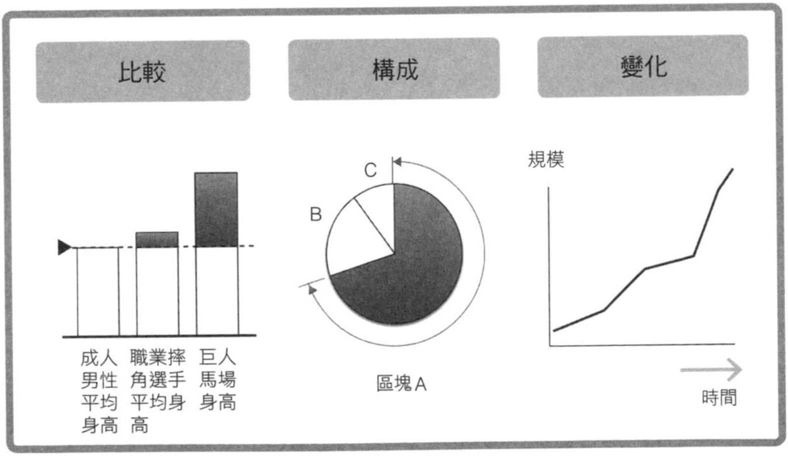

▼變化

變化是在時間軸上比較相同的事物。比方說，營業額的變動、體重的改變、日圓對美元的匯率波動等，這些全都是藉由變化進行分析的例子。針對某個現象進行事前與事後的分析，可以說全都算是運用變化的分析。也許有人認為「時間是屬於模糊的東西，所以無法視為『軸』進行討論」，不過，如果比較「日出之前」與「日出之後」，只要將日出的時間點設定為「零」，並累積所記錄的資料，這也是一種方法。即使結果是變化，整理「想要比較什麼與什麼？」的「軸」，仍是很重要的關鍵。

表達分析的多樣化

雖說定量分析只有「比較」、「構成」和「變化」這三個模具，但其表達方式則是非常多樣化。三種模具分別有很多表達方式，再與三種模具相乘，合計的表達方式之多可想而知。【圖表31】是三種模具表達比較、構成、變化的分析案例，由此就能了解光是「比較」，就有非常多種的表達方式。雖然也有很多人會以為有圖表才是分析方式，但其實稱不上是正確的觀點。

【圖表31】 表達比較、構成、變化的定量分析圖

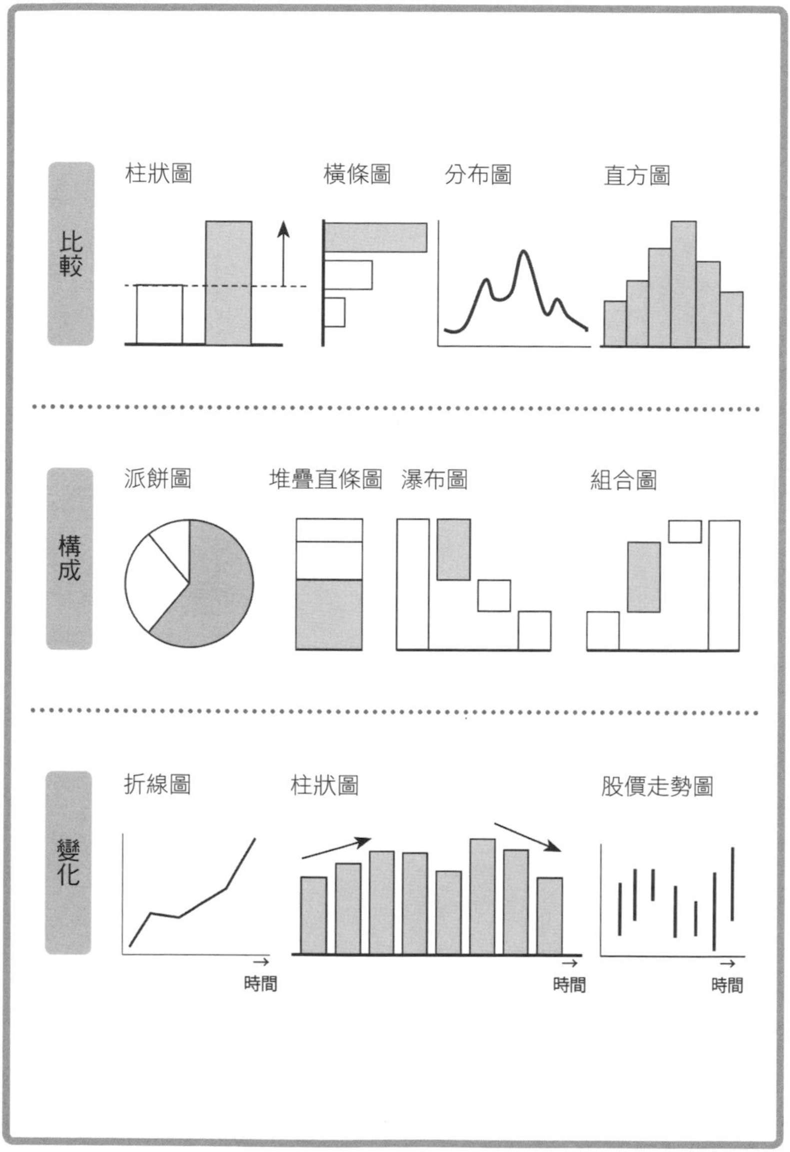

【圖表32】 表達比較、構成、變化的交叉分析圖

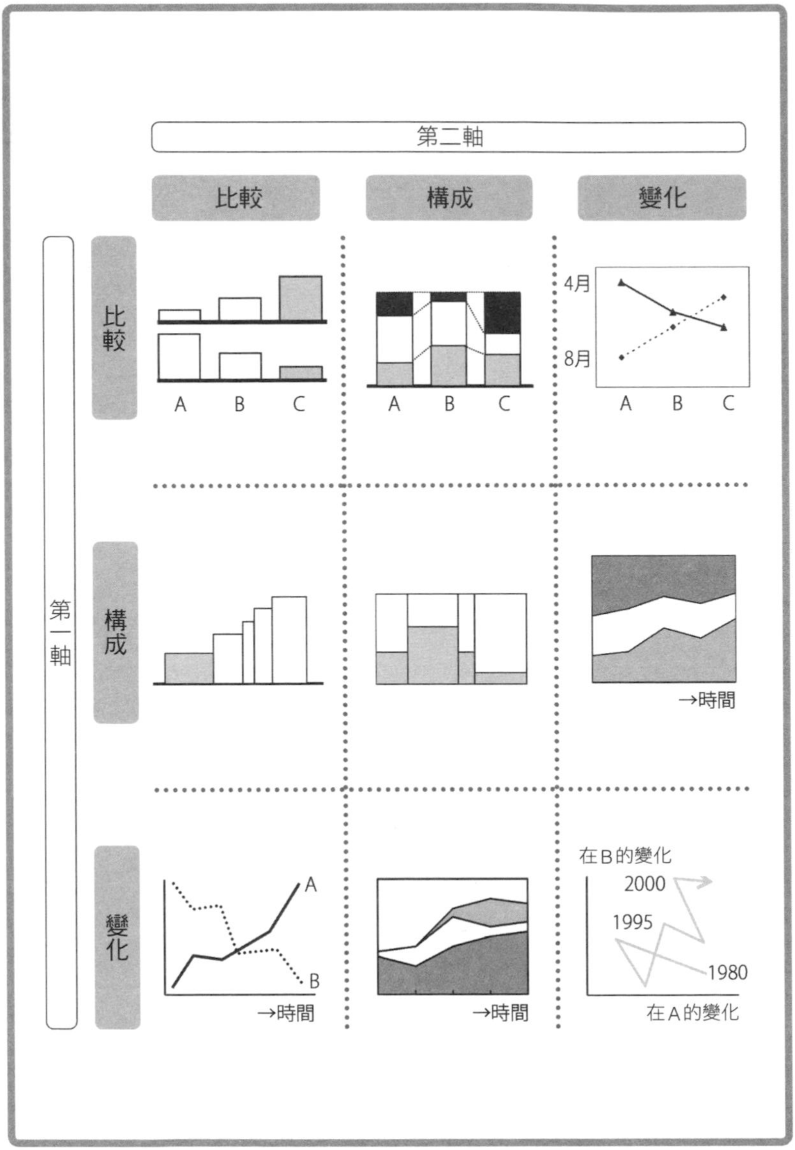

基本上，看起來很複雜的分析，也全都是由這三種模具組合而成，將三種類型分別以軸交叉的例子，由此可知三種組合可以有如此多樣化的表達方式。

由原因與結果思考「軸」

基本上，分析是將「原因端」與「結果端」以相乘的方式表達。比較的條件是「原因端」，而評估該條件的值就成為「結果端」。所謂思考軸，意思就是在「原因端」比較什麼？在「結果端」比較什麼？

比方說，想要驗證「依據吃拉麵的次數，會造成肥胖度的變化」這個題目時，原因端的軸是「吃不吃拉麵？」「如果吃拉麵，多久吃一次？」這些內容，結果端的軸就是體脂肪率、BMI（Body Mass Index，身高體重指數，又稱身體質量指數。體重〔公斤〕除以身高〔公尺〕的平方所得的值）等（詳見【圖表33】）。

接下來，如果想要驗證「發自內心深處笑出來的人比皮笑肉不笑的人健康」這個議題。原因端的軸是「笑的品質與頻率」，結果端的軸是「健康度」。光說「笑的品質與頻率」就有很多種軸的取法，比方說，應該可以有下述的幾個軸：

●每天有笑出來的程度：有／沒有。若有，頻率如何？（比較）

●每天有幾次發自內心深處笑出來：有／沒有。若有，頻率如何？（比較）

●笑的次數當中有多少次是發自內心深處？（構成）

●跟以前比較，笑的頻率是增加還是減少？若減少，是從何時開始減少的？（比較的變化）

●最近發自內心深處笑出來的比例是增加／減少？（構成的變化）

結果端的「健康度」的軸則包括：

【圖表33】 找出原因軸與結果軸：拉麵與肥胖度的相關圖

「原因端」的軸	「結果端」的軸
（絕對值） • 吃不吃 • 吃的頻率（例：次／月） • 一次所吃的量（例：量／次） • 經過量的修正後所計算的食用頻率	（絕對值） • 體脂肪率（體重百分比） • BMI
（變化） • 過去六個月內頻率的變化（例：增加、不變、減少） • 過去六個月內頻率的變化量（例：次數／月）	（變化） • 體重的增減（例：公斤／6個月） • 體脂肪率的增減（百分比） • BMI的變化

- BMI（比較）
- 特定健康檢查中的總結（比較）
- 自認為「自己很健康而感覺幸福」的程度（比較）
- 身體上有感覺到痛苦或不舒服的日子的比例（構成）
- 入睡及起床狀況良好的日子的比例（構成）
- 最近三個月內這些健康狀況指標的動向（比較的變化、構成的變化）等。

找到「軸」並且找到比較、構成和變化的關係之後，製作出來的結果就是實際的分析。如果說「分析的設計」聽起來好像很困難，其實本質是很簡單的。建議一邊畫連環圖、一邊思考「原因端」與「結果端」之間應該要如何比較，以及怎樣才會得出最好的結果。這就是找出「軸」的本質。只要找到對的軸，產生出真正有意義的結果時，真的令人非常高興。那是享受「現在這個結果，恐怕全世界只有我知道」那種喜悅的瞬間。

找出分析的「軸」的方法

接下來再針對「找出分析的軸」多加思考。話雖如此，其實也不用那麼嚴肅地思考，只要將比較時的條件在便利貼之類的紙上寫下來，將有關係的部分歸納在一起，就是這麼簡單且馬上可以完成的方法。也可以利用展開表（spread sheet）或大綱編輯功能（outline）進行整理。

例如試著思考分析「喝運動飲料的情境」時，如何整理「軸」。先將腦中浮現各種的情境都先零零散散地寫出來（【圖表34】）。

將類似的項目放在一起，同時找出

【圖表34】 找出「軸」：以喝運動飲料為例

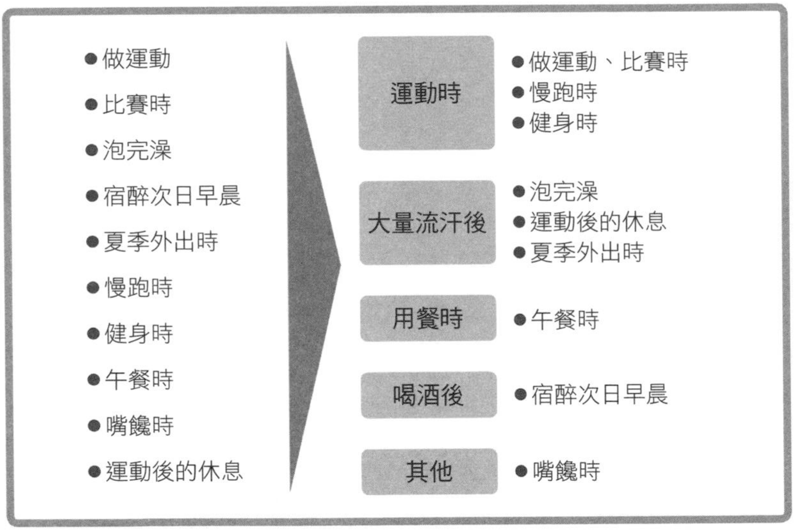

●做運動
●比賽時
●泡完澡
●宿醉次日早晨
●夏季外出時
●慢跑時
●健身時
●午餐時
●嘴饞時
●運動後的休息
運動時
●做運動、比賽時
●慢跑時
●健身時
大量流汗後
●泡完澡
●運動後的休息
●夏季外出時
用餐時
●午餐時
喝酒後
●宿醉次日早晨
其他
●嘴饞時

軸。依情況的不同，也有可能會出現二個條件相疊的案例。即使只能大致分為二個條件，也可以有下述四種情況：

- 只有A的案例
- 是A也是B的案例
- 只有B的案例
- 不是A也不是B的案例

實際上先觀察是否有「是A也是B的案例」的可能性，如果沒有，就將該條件刪除，以三個條件進行比較。只要先做好這個步驟，思考中「鬆散」的部分將消失，而可快速讓分析變得清楚明確。

步驟二：意象具體化

填入數值建立意象

將「軸」整理完成後，接著就要放入具體的數值，製作分析與檢討結果的意象。如果進行定量分析，結果的表達方式大概會採用圖表方式，所以以放入數值後的圖表將可以描繪出意象。在描繪的途中，將會逐漸知道「這個軸的選取方式很重要」、「這個橫軸必須將數值取得很細」等，這項作業本身就可以發揮很大的功效，實際開始分析的時候，這份感覺將會讓整體工作效率大幅提升。

雖然很容易忘記，但「數值並不是取得愈細愈好」。最後需要資料的精度到什麼程度，是在這個階段需要掌握的概念。當想要查明「百分之五十還是百分之六十」時，就不需要以千分之一為單位的資料（【圖表35】）。

實際上畫出圖表的意象後，需要什麼精度的資料，或者什麼和什麼比較會成為關鍵，這些都將明朗化。如果覺得假說中有「可能會出現快速變化」的地方，針對那部分就必須先取得較細的資料。

例如現在正在開發某種飲料，需要針對「人感覺到甜味的甜度」進行調查。我們思考知覺的基本性質後可以預測這個結果恐怕不是直線，而是呈現S形有弧度的曲線。甚至從市面上一般飲料的甜度分布於百分之五至十來思考，可以設立假說為在百分之五至十的五個百分比之間，敏銳度很可能有很大的差異，如果超過百分之十，大概敏銳度又會降低（【圖表36】）。

【圖表35】 圖表的意象與位數

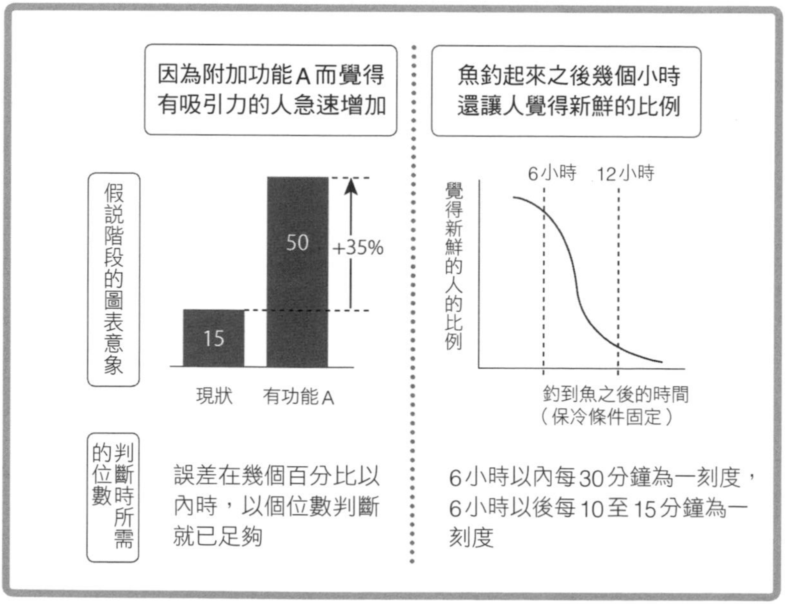

一旦像這樣建立假說，就可以看見在百分之五至十之間要取得精細資料的需求。不光是找出縱軸與橫軸就好，還要將意象具體化，藉此可事先知道討論所需的精細度。

表達意涵

要實際填入數值而描繪出具體圖表的意象，就必須利用比較而讓「意涵」得以清晰。在分析中所謂的意涵是什麼呢？答案非常簡單。

之前也描述過分析的本質就是比較。因此分析或分析型思考中的「意涵」，終究就是「比較的結果是否有所不同」。也

【圖表36】 建立假說：以「人感覺到甜味的甜度」為例

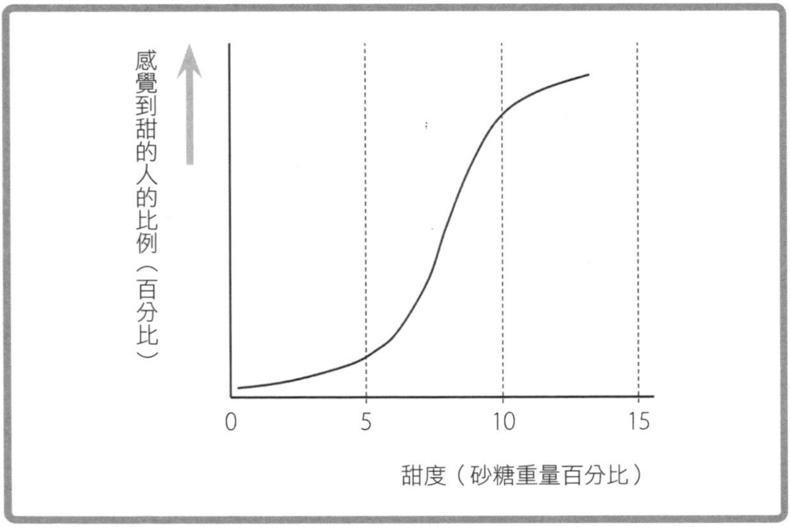

就是說，表達「意涵」的重點正是在於可以明確展現「由比較所得結果的不同」。能夠明確了解的差異，包含下述的三個典型（【圖表37】）：

1. 有差異
2. 有變化
3. 有類型

將這些最終想要得到的「意涵」填入，當成分析意象。若在開始分析之前先對所需要的結果擁有強烈的意識，當無法順利得出結果時就不會太過失望，而且必須放棄的界線也將變得明確。當然也可以

【圖表37】 意涵的本質

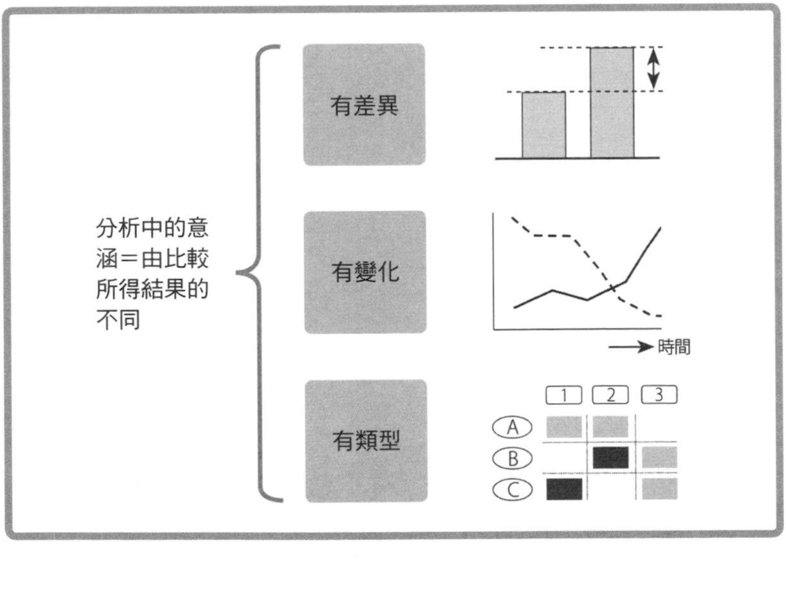

避免「不知道為了得到什麼而做這個分析？」的情況發生。這個步驟終究是以想像填入最終結果意象的過程，所以，訣竅在於一面想著「我想要這樣的結果」，同時快樂地進行。

步驟三：清楚標示取得資料的方法

該如何取得資料？

連環圖的製作在經過「找出『軸』」、「意象具體化」之後，大致就算結束，但最後有一個步驟一定不可省略的，那就是清楚點出取得資料的方法。

設定議題，以所設定的議題為基礎組排故事線，並配合故事線大膽地製作連環圖，但就算目前為止表現優異，如果實際上無法取得重要的資料，一切都將化為空中樓閣。連環圖在議題的起點進行大膽地描繪有其意義，然而在最後的階段則需要先想好實際的執行方式。

具體而言，可以在分析意象的右邊寫下「使用什麼分析方法以實現什麼比較」或「從什麼資訊來源（data source）獲得資訊」。如果在科學界，具體的方法論都很明確，在商業上的課題也是，要明示必須進行什麼樣的調查以取得資料。

例如在行銷學中有各種方法進行消費者市調，希望各位儘量避免針對自己所描述的故事線，該採用什麼方法竟然毫無頭緒的情況。

調查的回答者可以用拜訪面談的方式，也可以在網路，回答者的挑選可以設定條件或隨機抽選，或者也可以找比較多特定屬性的人，這些都與議題息息相關而且很重要。有時候以一般的做法無法順利完成，也會需要新的解決方式，若能在所有工作開始的階段就看見這個情形，也就能有充足的時間安排各項準備工作。

在科學界，很多時候在大發現之前，會開發出前所未有的方法，其中很大的部分正是源於「從議題開始」的解決方式而來的，為了突破大型的障礙，而絞盡腦汁到前所未有的程度，以至於得到長足進步的結果，開發出新的方法。

我很喜歡提的一個例子，是利根川進在研究後來得到諾貝爾生醫獎的免疫系統基因重組時的一段逸事：分離ＤＮＡ的「膠凍（由洋菜純化物提煉凝固而成）」在一般分子生物學中使用的長度大約二十公分，利根川在實驗的時候說：「這樣不夠長」，而利用從其他領域帶過來長二至三倍的膠凍做實驗，才跨越研究障礙。

雖然這對於「從想要的結果開始思考」的人而言是理所當然的事，但對於沒有這一層認知的人而言，多的是令他們驚訝的解決方式。如果覺得既有的方法已經遇到極限，以「從議題開始」的想法可完成分析設計的可能性極高。

話雖如此，如果不常發現新的方法就無法找出答案，也是很頭痛的事情。所以先靈活運用既有方法，並正確了解可使用方法的意義與極限，還是很有幫助的做法；建議各位讀者先知道與自身相關領域中所有的關鍵方法。

例如，以消費者市場來說，如先前所述，光是調查，針對定性分析與定量分析分別具有為數相當的做法。例如定量分析的調查方法就有郵寄、電話、網路、拜訪面談、在某個地方集體調查等方式（【圖表38】）。每個方式都各有優缺點，如果你只會其中某一個方法，將大幅縮減可以處理的議題範圍。

可是，若要對既有的方式全部熟悉，無論在哪個領域都需要花費多年。在這些知識及經驗都還不足的時期，就需要下特別的工夫，讓自己所能處理的議題不至於受限。這時候，若能先儲備幾位自己相關領域的專家或可商量的智囊團人脈，應該會很有效。

落語（按：類似單口相聲或說書）家立川談春曾出一本名為《紅色鰤魚》（扶桑社）的散文集，其中就提到在立川流中，聽說為了要成為受到認可已經獨當一面的「二目（按：落語家的等級，約莫中級）」，必須先研究五十則古典落語。

【圖表38】 掌握擴展的手法：以消費者市場調查為例

討論內容 ⊗ 調查的功能 ⊗ 調查方式

討論內容

活動實際狀態
- 消費漏斗分析
- 使用上擴展的可視化與結構化
- 市場區隔
- 資訊傳播路徑

等

態度・認知
- 真心話屬性分析
- 印象屬性評價
- 定位
- 概念測試

等

活動評價
- 廣告、口耳相傳效果
- 行銷支出最佳化

等

調查的功能

定性
- 找出假說
- 找出論點
- 擷取觀點

等

定量
- 市場、區塊規模的定量化
- 掌握市場結構的定量性資訊
- 比較主要原因的影響
- 消費者的敏銳度評價

等

調查方式

問卷
- 面談
  - 一對一深度訪談
  - 團體訪談
  - 街頭定點調查
  - 拜訪面談、邀來面談

  等
- 遠距
  - 郵寄
  - 電話
  - 網路

  等

觀察
- 實地
- 網路

- 觀察消費行動
- 追蹤行動
- 在特定商圈的行銷測試

等

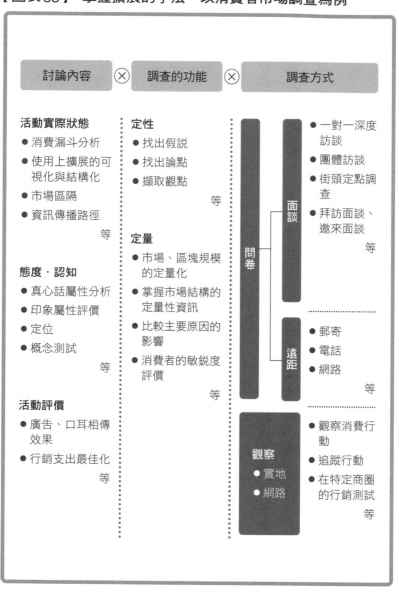

事實上，無論在哪一個領域，大部分的專家目標所指的「修行」中，大多數的精力都耗費在學習這些既有方法及技巧上。這時候若能對「從議題開始」有所認知，就能大幅提高對於設想運用在各種情境的技巧的學習意志。所謂「眼界高的人成長就快速」這個在專業工作者世界中的不成文規則，我想正是來自這層意識。

【作者的提醒】

由知覺的特徵看見分析的本質

為什麼以「比較」的觀點設計分析，可以有效地找出主要議題或次要議題的答案呢？接下來，從我的三種專業之一的神經科學角度稍做說明。

先從結論說起，對於該找出答案的議題會藉由比較而產生意涵，是由於我們腦中資訊處理的特徵，在第一章也曾稍微提到，事實上神經系統並沒有相當於電腦中記憶裝置的構造，有的只是神經間彼此連接的構造。

由知覺的觀點來看的時候，希望各位先留意神經系統的四項特徵：

1.超過臨界值的輸入，並沒有任何意義

單一的神經元是腦神經系統的基本單位，其中如果沒有某程度的輸入，就不會產生所謂的活動電位，來經過長距離傳達資訊，一般將之稱為「全有或皆無定律」，神經系統無論是神經群或是腦的層級，基本上都具有相同的特性。結果無論是味道還是聲音，都是超過某個強度就突然可以感覺到，而進入到某個程度之後就突然感覺不到。電腦雖然也是以最小資訊模組為零（0）或壹（1）進行處理，但輸入的強度與輸出畢竟屬於線性關係，而且對於腦來說，臨界值是屬於「具有輸入意義的界線」。

2.只能認知不連續的差別

腦無法認知「些微平緩的差異」，只能認知那些「異質或不連續的差別」，這也是電腦所沒有的特徵。

例如，很多人都有過如下的經驗：「在小吃店吃烏龍麵的時候，可以馬上察覺到店內有人正在吃拉麵」。可是，自己在吃眼前的烏龍麵時，即使香味變弱數個百分比（這是實際上會發生的變化），卻沒有人能夠立刻察覺。無論聲音或視覺，可以說都有相同的情形。

腦現在已經演化成為以強調「異質的差別」而處理資訊，這是腦中思考知覺時所根據的原理之一，而這也正是設計分析時需要進行明確對比的理由。以明確的對比讓差別愈明確，就愈能提高腦中認知的程度。是的，與其說比較是分析的本質，還不如說實際上對我們的頭腦而言，比較是提高認知的方法。於是，我們稱之為「分析思考」。

與這個特徵相關需要留意的是設計分析意象時（第四章詳述），不要持續使用相同的分析模具，是很重要的觀念。因為我們的腦只能認知異質的差別，所以如果持續使用相同形式的表格或圖形，從第二張之後的認知能力會大幅降低。若連續相同形式到了第三張，要讓人留下深刻的印象就變得相當難了。

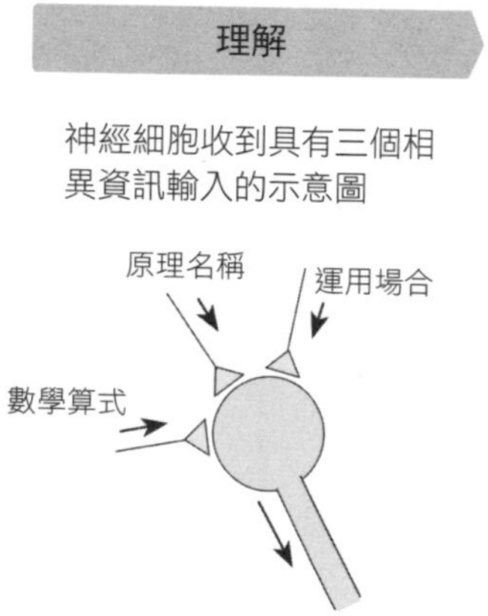

神經細胞收到具有三個相異資訊輸入的示意圖

所謂「理解」是指兩個以上的資訊相連結意思

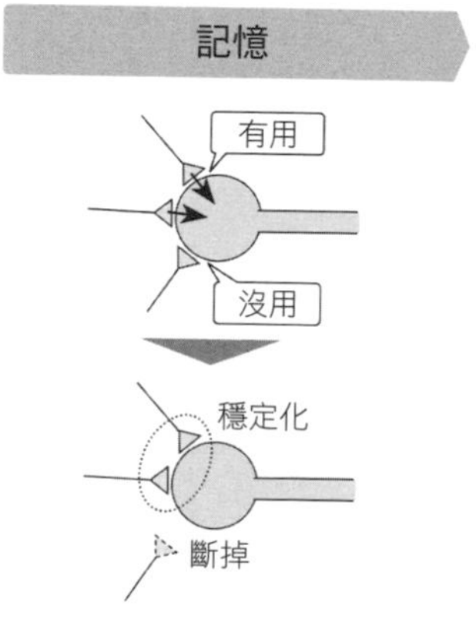

只要沒有產生「連結」，記憶就會消失

圖表有許多不同的表達模式和種類，必須費心極力避免連續使用相同的形式。

3.所謂理解就是連結資訊

作為大腦皮質主要資訊處理的神經元呈現類似金字塔形狀，每一個神經元都形成數千至五千左右的突觸（synapse：神經元之間的連接處），一個神經元與許多神經元連接。此處當具有相異資訊的二個以上的神經元同時受刺激，並以突觸同步（synchro）該刺激時，就可以連結二個以上的資訊。也就是

【圖表39】 腦的知覺特徵

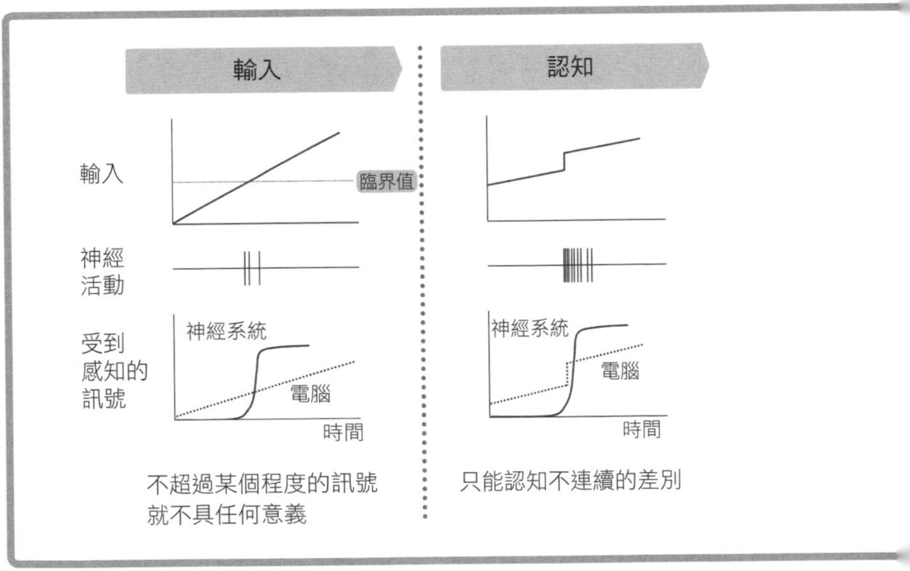

說，在腦神經系統中，「二個以上的意義重疊連結時」與「理解」在本質上是無法區別的。這就是第三個特徵，也可以說「所謂理解，就是連結資訊」的意思。

深入這一點繼續思考下去，就可以了解為什麼有些說明，就算沒有心理障礙也無法理解。也就是說，就算提供與已知資訊毫不相關的資訊，對方也無從理解。而這正是我們在設計分析的時候，必須重視「軸」的理由之一。分析中的比較軸就是將複數資訊串聯起來的橫線或縱線，藉由在相同的基準下看見相異的地方，資訊與資訊間容易產生「連結」，就會促進理解。優異的軸，表示將複數相異資訊連結起來的力量較強。

4.持續連結資訊將轉變成記憶

先前已經說明「理解的本質，是將二個以上已知的資訊連結」。其結果就如眾所周知的「只要時常進行連結，那個連結就會變得特別強」，這是屬於微觀層級神經間的連結，也就是來自突觸的特性，就像若將紙折很多次，折線就會愈來愈清晰一樣。這是由加拿大心理學家唐納・赫布（Donald Hebb）提出的「赫布法則」（Hebbian rule），只要多次重覆那個讓人一定會想到與某個資訊連結的場合，一再經驗「原來如此！」就不會忘記該資訊。也許你會覺得理所當然，但在日常生活中卻很少有人意識到。

如果想要讓對方牢牢記住有意義的內容，像鸚鵡一般不斷重複說相同的內容是沒有用的，必須讓對方重覆「××和○○確實有關係」這種實際上將資訊連結起來的「理解經驗」，才能夠留存在對方的腦中。在學外文的時候，光是看單字本是記不住的，但當你了解到在很多不同的場合情境中，會以相同意思使用某個單字的時候，就能記住那個單字了，這也是一樣的道理。

以這樣的觀點來看，就會發現錯誤的廣告和行銷實在不勝枚舉。要下工夫將新的資訊與接收者已知的資訊連結，這才是重要的關鍵。

這也是之所以必須找到設立可以明確理解的議題和次要議題，並從該觀點繼續深入討論，再從該觀點找出答案的原因。經常以一貫的資訊與資訊間連結的觀點進行討論，不僅可以加深接收者的理解，還可增高留存在記憶中的程度。

第四章

成果思考

——進行實際分析

我的代數不是在學校學的，而是從屋頂閣樓的置物櫃中，找到阿姨以前的舊教科書，靠著自己讀書而自學來的。拜其所賜，我才得以領悟問題的目的在於探索「X究竟是什麼？」這件事本身，而答案是用什麼方式找出來的，根本就不重要，我覺得很慶幸。

——理查・費曼（Richard P. Feynman）

理查・費曼：物理學家，一九八五年諾貝爾物理學獎得主。引述摘自《天才費曼》（*No Ordinary Genius: The Illustrated Richard Feynman*），克理斯多夫・西克斯（Christopher Sykes）編。

什麼是產生成果的輸出？

在找到議題，完成故事線，並以圖解方式做出連環圖之後，接下來就要進入將連環圖化為實際的分析。終於，進入實際開跑的階段。

只是，在這裡有可能會走入黑暗而受傷，有時候甚至有可能偏離跑道而出局（＝計畫中止）。本章就要與各位一起看看，在實際分析或統整圖表時，要留意些什麼才能不受傷而順利跑完全程。

在這個階段請再次確認目標為何。話題回到序章中所說事倍功半的「敗犬路徑」，我們在進行的是一個遊戲，端看「如何在有限的時間內有效率地產生出真正有價值的輸出」，彼此競爭所鎖定的高議題度活動的價值有多少，以及可以將輸出的品質提升到多高。這個階段是最接近遊戲的步驟，正確的心態及對遊戲規則的正確理解都變得很重要。

不要貿然縱身跳入

一開始很重要的是「不要貿然直接開始分析或驗證的行動」，就算最終屬於用在驗證相同議題的分析，仍各自分別有其輕重之分。先查明最有價值的次要議題，進行這方面的分析。循著故事線與連環圖而排列的次要議題當中，必定有些部分是對最終的結論或故事主軸具有很大的影響力，從這些部分開始著手，即便是粗略程度也好，就是要先找出答案，知道那些部分是否真的可以驗證。如果在一開始沒先將重要部分先行驗證，萬一所描繪的故事從根基開始瓦解，將會造成無法收拾的結果。此時，先掌握故事線中絕對不可以瓦解的部分，或在瓦解的瞬間必須立即替換故事線，也就是成為關鍵的「前提」或「洞察」的部分變得很重要。

當上述部分完成後，接下來如果價值相同，就從可以儘早結束的部分開始著手。這才是在進行輸出的階段中應付出的努力。

比方說，《灰姑娘》的故事是將整個故事建立在「仙蒂瑞拉比後母的女兒們更有魅力」這個前提。像這樣，無論什麼故事都有成為關鍵的前提。如果被迫轉換事業方針的情況下，前提可能類似「照這樣下去該事業將大幅走下坡」、「光是追求銷售台數將會導致赤字」。如同第二章「故事線的二個模具」之一的「空、雨、傘」中的「空」（確認課題）就是關鍵的前提。大多數時候，這些部分與邏輯上很大的分歧點對應，在這個點上決定往左或往右，將會從根基徹底改變整個故事。

話題回到剛才《灰姑娘》的故事，這個故事中有「能穿得下玻璃鞋的只有仙蒂瑞拉」這個成為關鍵的洞察。像這樣的洞察也是無論哪個故事中都會存在，時常還會成為簡報或論文的標題。

像是如下幾個例子（【圖表40】）：

【圖表40】　從前提與洞察開始著手

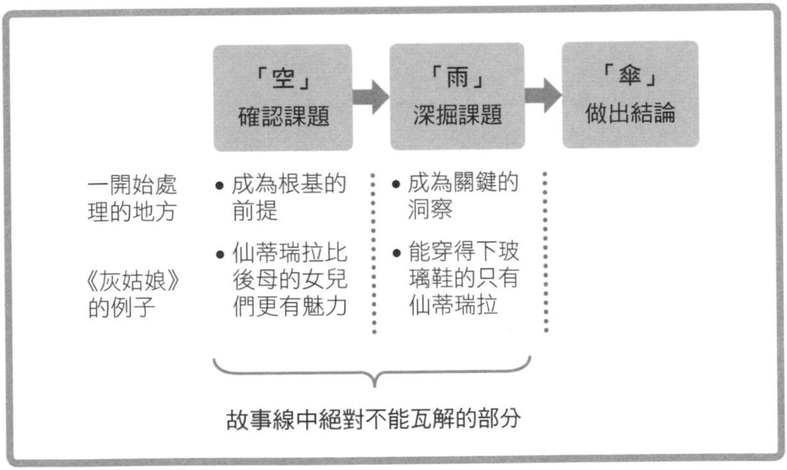

- 這個維他命必須在特定的離子超過某個濃度時，才能發揮效果
- 這個事業模型必須滿足三項條件時，才能成功
- 被認為隸屬於不同種的二種魚，實際上是同種的公魚和母魚

在驗證這些成為關鍵的次要議題時，要嘗試讓轉變成哪一邊所代表的意涵明確化，所謂類型的驗證，明確地認識想找出答案的論點，究竟是左邊還是右邊，並且找出答案。

日本誕生的世界級神經科學家之一人的小西正一（加州理工學院〔Caltech〕教授、美國科學研究院會員）說過如下的一番話：

「生物學中，只要問題沒有得出肯定的結果，大多是完全沒用的實驗。美國科學家稱這類實驗為遠洋釣魚（Fishing Expedetion），意指徒勞無功。所謂理想的實驗，是指無論邏輯或實驗都很簡單，而且無論結果是什麼都可以成為有意義的結論。」（語出《浪漫科學家》，暫譯，原書名『ロマンチックな科学者』，井川洋二編，羊土社出版）。

從小西正一的話語中，也可以了解明確認知真正議題的實驗（分析、驗證），是多麼珍貴；而且有意識地以這個信念進行，又是多麼重要。

不要「先有答案」

現在已經了解了實際進行處理時的先後順序，接著希望腦中先記得在這個產生成果的輸出步驟，進行有意義的分析和驗證，要採取與「先有答案」反向操作的態度。

如果對團隊中的年輕人說：「請以從議題開始的態度，交出有價值的成果（輸出）」，引起誤會的機率相當高，時常可見「只蒐集可驗證自己的假說是正確的資料，而沒有驗證假說是否真的正確」的情況。這樣將做不成論證，而比較類似運動中的犯規。

事實上，以「從議題開始」的思維驗證各個次要議題時，必須以公平的態度驗證才行。

例如在天動說〔註1〕為主流的時代，如果想提倡地動說〔註2〕，不能只舉有利於地動說的事實，而是需要論證以天動說的理論根據，其實都可以正確地解釋地動說才是正確的，並指出否則將會產生什麼樣的問題或矛盾。

簡單來說，就是要避免「見樹不見林」的情形發生。

如果你是手機業者的員工，在智慧型手機全盛的時代，只取「GALAPAGOS手機」（日本國內專用手機）的市占率，主張「我們公司的手機人氣絲毫不受影響」，輕易地可想而知這樣的主張根本就毫無意義。這個例子算是比較誇張一些，不過在經驗比較淺的時期，有不少該一起評估的選項明明就近在眼前，卻還是漏掉了，像這種「見樹不見林」的驗證，必定會在某個地方露出破綻的，到那時候，將無可挽回白白浪費的時間。

我們每一個人工作的信用都建立在「公平的態度」這個基礎之上，希望各位能先認識到只看得見對自己的主張有利的「先有答案」和「從議題開始」是完全不同的兩回事，並牢記在心（【圖表41】）。

〔註1〕天動說（Geocentric Theory）：西元二〇〇年，托勒密（Ptolemy）提倡天動說，認為地球是宇宙的中心，地球本身不動，只有其他的星體和恒星會移動。所有的星球都環繞著地球運行。

〔註2〕地動說（Heliocentric Theory）：哥白尼（Nicolaus Copernicus）於西元一五三六年完成著作《天體運行論》（*De Revolutionibus Orbium Coelestium*），提出地動說，主張地球和其他行星都是環繞太陽運轉。但是，由於與當時羅馬天主教的教義相違，因此這部著作直到一五四三年才得以問世。

【圖表41】 比一比！「先有答案」和「從議題開始」的思維大不相同

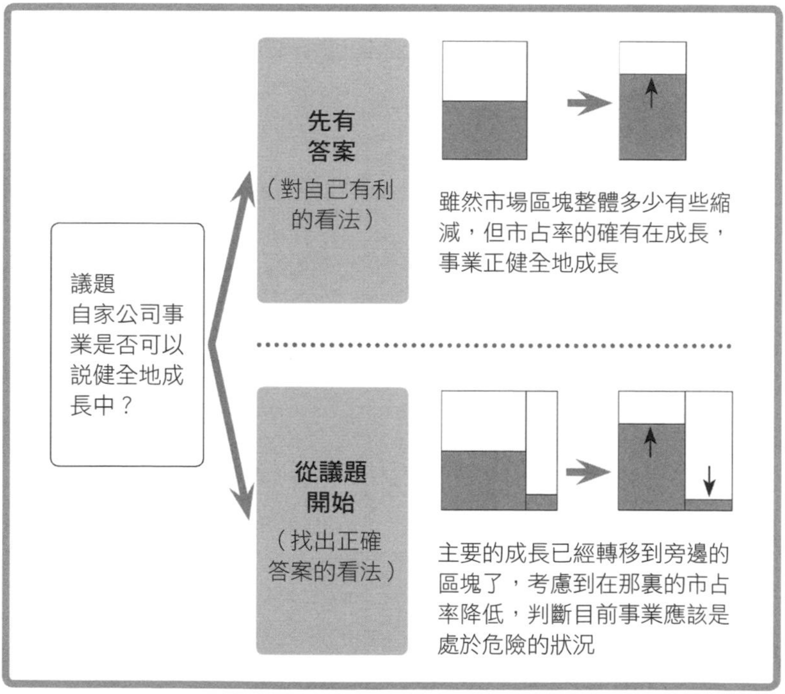

交出成果的兩難

其次重要的是「正確剖析難題」。

產生輸出（成果）的步驟與障礙賽跑有異曲同工之妙，那就是即使看見議題，又看出故事線，還看見「就這樣進行分析吧！」的連環圖，一旦實際著手，難題卻是一個個接踵而來。在這樣的情況下，為了不降低速度而能繼續跑下去，多少需要下些工夫讓自己不要因為障礙物而跌倒。

預防難題的基本策略，就是盡量事先與重要的事物互相連結，如果是「在這個地方瓦解，一切都將免談」的重要論點，更要先準備可達成二重或三重驗證的機制。就算一個或二個失敗了，也可以設法讓整體議題可達成驗證。而且，只要可以先準備的東西就提早先準備好，因此會有故事線的製作，還有連環圖的製作。當準備工作預計比其他案件需要更長時間，就儘早開始動工，愈早著手也就可以愈早了解，準備所需的時間比預期得久，光是這樣就已經可以大幅提升生產效益。

總之，儘可能提早針對問題思考。像這樣「儘量先思考，思考交出高價值成果的生產作業程序」，也就是「問題發生之前的思考」，這是身為在特定時間內必須交出成果的專業工作者很重要的心理準備。

難題① 無法提出所想要的數值或證明

在產生輸出時典型的難題之一是「無法找出所想要的數值或證明」。尤其提出前所未有、既嶄新又具高度的觀點設立假說時，時常會陷入這樣的情況。

例如我曾經合作過的計畫，是嘗試「觀察『食、衣、住、遊……』這些世界上的各大範疇，推測經濟規模」，這個案例從頭就擺明了根本就沒有所想要的數值。

重要的是就算沒有直接可使用的數值，仍不要輕言放棄。只要動動頭腦，無法直接找出來的數值，還是有很多方式可以將之明朗化。

▼建立結構再推論

例如想要驗證「電玩業界除了在硬體導入之後，在軟體部分還會產生大幅營業額及利潤」。光看電玩廠商的有價證券報告書及年報是無法驗證這一點的，沒有任何地方有能夠讓人明瞭而可用於驗證的資料。

像這樣的情況，「結構化的能力」就變得很重要。關於整體的營業額可以思考成下述算式：

● **整體營業額＝硬體營業額＋軟體營業額**

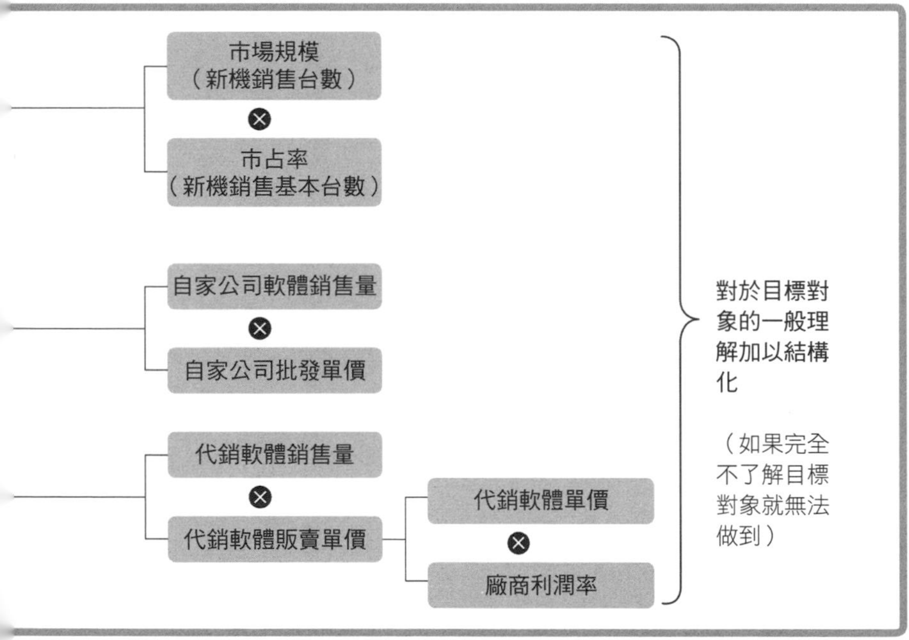

於是如（【圖表42】）所示，進行分解，根據硬體及軟體的營業數量、大致市場單價、批發時的加價、及廠商利潤率（的變化）進行試算，算出大致的硬體及軟體營業額比率。

一般少見對本書中所介紹的理論與試驗雙方都表現傑出的物理學家恩理科・費米主張世界上無論什麼數值都可以大致推論，像是「美國有多少電車數量」、「（費米教授所任教的大學所在的城市）芝加哥的鋼琴調音師人數」等。就算乍看之下完全不知

【圖表42】 建立結構再推論：以推估電玩市場營業額的構成為例

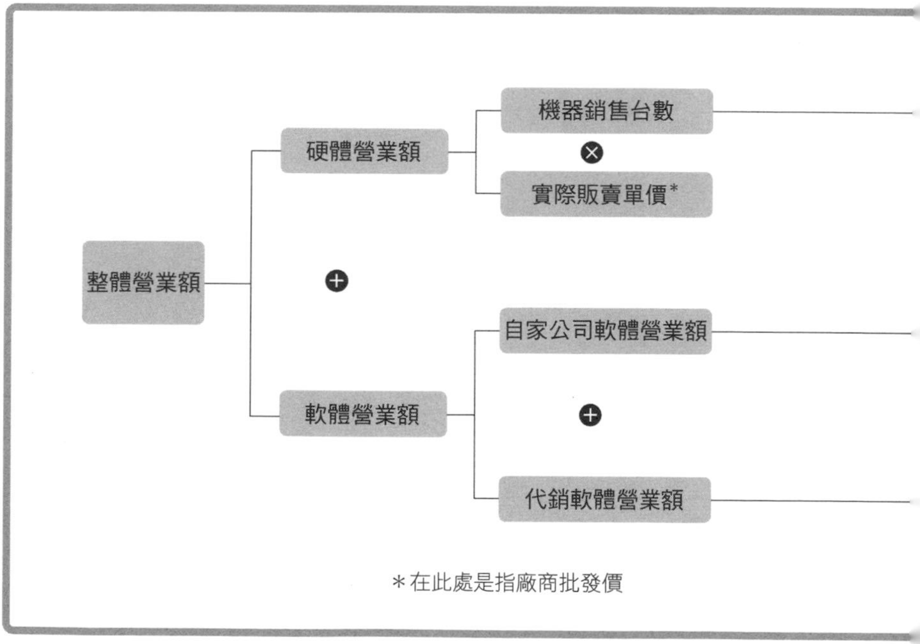

道該從何下手的數值，也可使用前提（家庭戶數、具有鋼琴的家庭比率、鋼琴調音頻率等）與架構逐步推論。這個推論方法就是著名的「費米推論法」，這也是藉由結構化而找出數值的例子。

在科學的研究前線，這項能力更是不可或缺。我回首自己擔任研究員的時代，也曾多次感受到推論能力有多麼重要。

在美國大學及研究所會有稱為「機械室（machine room）」的單位，其中的專家會為學生製作用於實驗的客製化裝置。這時候，機械室的人會問我們「目的是什麼？想獲得什麼樣的資料？實際上可能可以取得什麼樣的資料？」等，依據我們的推論製作。如果推論太粗淺，辛苦製作的裝置和費用就白費了，無論是委託的一方還是受託的那端，都會很痛苦。在實驗的時候也是如此，若不針對「物質以什麼樣的濃度存在，那會變成什麼程度的量（是五微克還是五十微克）」先做思考，實驗的進行方式本身就錯了。

▼實際走訪

有些情況是正面迎擊無法取得正式的數值，而只要知道大致程度的規模感，就可以找到次要議題的答案，這時候以實際走訪取得資訊也是很有效的方法。例如推敲「某女性名牌旗艦店的展店場地，該設在澀谷的公園大道還是表參道？」想知道那一邊比較接近自家公司鎖定的目標客群時，直接去調查是最快的，在平日及週休假日各找一天，分別請人站在這二個地方進行粗略的調查，應該就可以掌握大概的動向及規模。

▼由複數的方式推論

當不知道規模的數值很重要的時候，由複數的方式計算（衡量、測量），而獲知該數值的規模程度，也是很有效的方法。

例如要求出「特定區塊中各顧客的利益率」，而目前某數值的精度很低，可以用整體的數值或其他區塊的數值反推算加以比較。或者希望知道某商品營業額的時候，就算找不出實際的數字，也可以由「單價×銷售個數」、「市場規模×市占率」等複數的方式計算而推論相近的數值。若是特定商品市場規模，可以由「對象人數×每人消費額」、「主要通路別的平均銷售個數×銷售單價」等推論。

像這樣用幾種方式逐一找出各項數值，大多時候都可以推論出大概的數值。也就是「由規模觀察」(【圖表43】)。

到目前為止介紹了「建立結構再推論」、「實際走訪」、「由複數的方式推論」這三種方法，只要具備用這種多方推論(討論)數值的解決方式作為自身的技巧，那麼當找出重要數值時，也可以快速大致驗算，所以將降低發生大型錯誤的風險。希望各位讀者至少針對主攻的領域中時常出現的數值，可以先行大致推論。

難題② 以自身的知識或技巧無法讓界線明確

在產生輸出的步驟中，典型的第

【圖表43】 由複數方式推論：以推估營業額為例

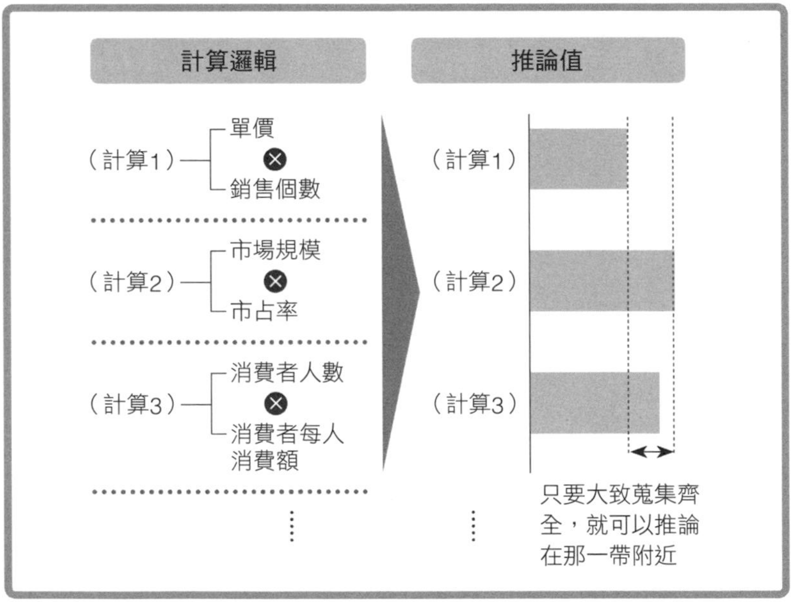

二個難題是，只以自己的知識及技巧無法得到任何結果。應該是勝負關鍵的實驗，卻不順利；明明是慣用的分析方式，卻得不到想要的資料；原本以為二星期就可以完成的工作，後來才知道竟然要費時二個月……。雖然很慘，但像這樣的情況，卻每隔一段時間必定會發生。這時候，究竟該怎麼辦呢？

最簡單的方法就是「到處問人」。講得比較好聽就是「借力使力」。只要多聽在該領域資深者的經驗談，獲得可突破瓶頸的智慧或點子的機率相當高。如果運氣好，甚至還可以學到遇到相同難題時，如何能夠避開困境，甚至也可以問到一般無法取得的資料或有什麼祕技。針對自己正在著手處理的問題，擁有「可到處詢問的對象」也算是技能的一部分。擁有自己的智囊團人脈是很棒的事，而且大多數的時候，可以直接從不知情的人，聽到幾乎等同故事線程度的資訊。

那麼，若遇到無法問人的問題，或獨自的做法不順利的時候，該怎麼辦？

這個答案是「當期限屆滿，如果對於解決方案還沒有眉目，就要快速乾脆地放棄那個方法」。雖然截止期限的基準可能隨著領域不同而相異，但要可分辨新的方法是否奏效，在商業上大約數日到一星期左右吧？在我所從事的生命科學領域的研究上，大部分需要二至三星期左右的時間。

無論是誰都會有偏好的做法或方法，不僅可靠，而且通常因為已經很習慣，所以速度會比較快。尤其是如果這個方法是自己或自家團隊所發明出來，出自人的天性，一定會希望能堅持使用下去。可是，若堅持沒有限度，將會成為絆腳石，導致分析和驗證停滯不前。無論是多麼慣用或有自信的方法，當知道用那個方法無法得到結果時，都必須果斷放棄。

一般無論是什麼議題，都會有很多分析和驗證的方法，並沒有哪一個方法具備絕對優勢，所以如果有比自己的方法更簡單又不費時的解決方式，當然就應該採用。

這種冷靜的判斷會幫助我們，希望各位讀者經常先確認好現在所處的狀況，是否真的除了「那個方法」之外就無計可施了。無論什麼樣的分析，都要盡量避免完全沒有替代方案的情況。心裡想著無論是什麼方法，只要能找到議題的答案就好；以這樣的觀點，經常思考是否需要放棄現行的方法。

明快找出答案

擁有多個方法

創立麻省理工學院人工智慧實驗室（Massachusetts Institute of Technology's AI laboratory），人稱「人工智慧（AI，artificial intelligence）之父」的馬文・閔斯基（Marvin Minsky）對理查・費曼的評價中有一段話，正道出產生高品質輸出的本質。

「我認為所謂天才，就是擁有以下資質的人：

- 不受同儕壓力左右
- 永遠記得探索『問題的本質究竟是什麼？』，鮮少依賴心想事成
- 擁有多種表達事物的方法。當一個方法無法順利進行時，可快速切換成其他方法

總之，就是不固執。多數人會失敗的理由，不都是因為執著於某個地方，從一開始就下定決心要讓它成功嗎？與費曼談話時，無論提出什麼樣的問題，一定可以聽到他回答『不，這部分也有別的看法』。我從來沒有認識一個人，像他這麼不執著於任何事物。」（摘錄自《天才費曼》一書）

從閔斯基的話中，我們可以了解「手上所握有的牌數」與「構成自身技巧方法的豐富程度」正直接關係到身為價值產生者的資質。比起只會曲球和快速球，如果還會投內飄球及叉球，當然一定是更好的。對於擅長或不擅長所抱持的觀念愈淡愈好。

美國研究所的博士課程中，大多都以待過三個左右不同的實驗室為必要條件，這與從入學到畢業待在同一個研究室的日本研究所形成對比，然而，美國的這個制度可以說是「具備複數技能集於一身的方法」。對於多個領域都具備實際經驗，並有直接可以討論的人脈，一旦需要的時候，將會成為很大的助力。

我至今在商業上以消費者行銷領域為主從事各項工作，時常會遇到只以特定調查方法無法找出大型議題答案的情況，總是要組合多種方法，或將自己的觀點加入既有的方法中，才首度得以接近答案。正因為如此，最好能具備多種可使用的方法。如本書第三章所述，請先瀏覽熟悉自身相關領域中所有的分析方法。然後，我想鼓勵讀者們無論什麼領域，在工作或研究剛開始的最初五年或十年，儘量培養廣泛的經驗與技能。

重視循環次數及速度

既然已經正確了解輸出、投注心力、避開難題，最後就只剩「明快找出答案」了。無論什麼樣的主要議題或次要議題，都要找出答案才可以說相關工作結束。這時候很重要的是「不停滯」。也就是快速進行統整，而要達成這個目地就必須先知道下述訣竅。

引起停滯的重要原因是一開始所提出的「仔細過頭」。也許各位讀者會想問「處理得很仔細，為什麼不好？」但從生產力的觀點來看，「仔細過頭」就是缺點。就我的經驗而言，若要「將分析的完成度從百分之六十提升至百分之七十」，需要花費比之前多一倍的時間，若要提升至百分之八十，又要再花費一倍的時間。另一方面，在百分之六十完成度的狀態下，若從頭重新檢視，再跑一次驗證的循環，將可以「提升完成度到百分之八十大約一半的時間」達到「超過百分之八十的完成度」。若一味地追求仔細，不僅速度慢，連完成度都會降低（【圖表44】）。

不要追著數字在原地團團轉，儘快統整才是重點。與其追求每一次的高完成度，不如重視處理的次數（循環次數）。而且，若以百分之九十以上的完成度為目標，通常會無計可施而浪費很多時間。首先，那麼高的程度，在商業界是理所當然不可能，就算研究論文也不會有這種要求。以這樣的觀點，先讓自身內在了解「對接收者而言足夠的程度」，並刻意「避免做得太過頭」是很重要的觀念。

最後，以矩陣圖（【圖表45】）說明「解答質」（解答的品質）。雖然在序章中已經說明過，如果能以具震撼

【圖表44】 循環的效用示意圖

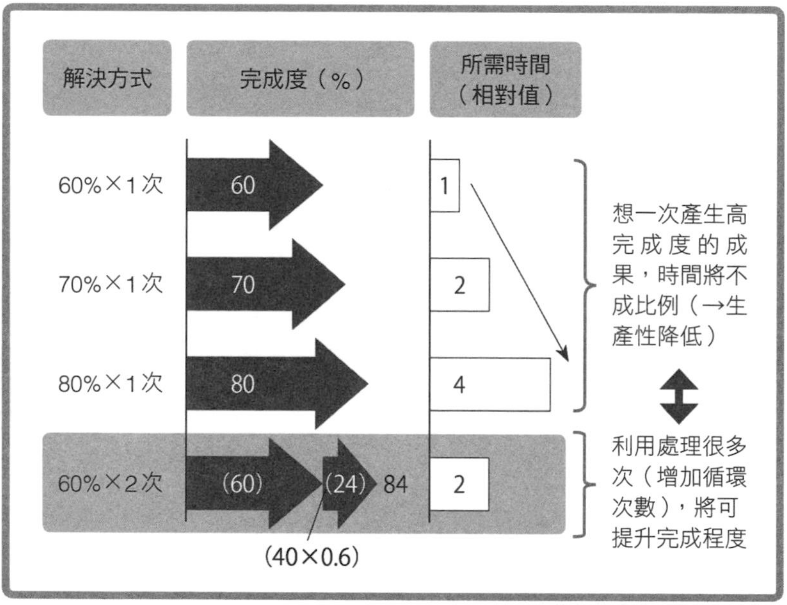

力的方式找出議題的答案，將有非常棒的效果。可是重要的還是「是否可以找出答案」。無論採用多麼細膩的解決方式，如果不能正確地找出議題的答案，將無法產生任何的震撼力。所以另外一個要件「速度」，在這裡就變成具有決定性的重要地位。以「比起完成度，更重視循環次數」、「與其重視細膩度，不如追求速度」的態度去執行，最後會感到很受用，而且也可以明快地產生出對接收者而言有價值的輸出（成果）。

【圖表45】「解答質」的矩陣圖

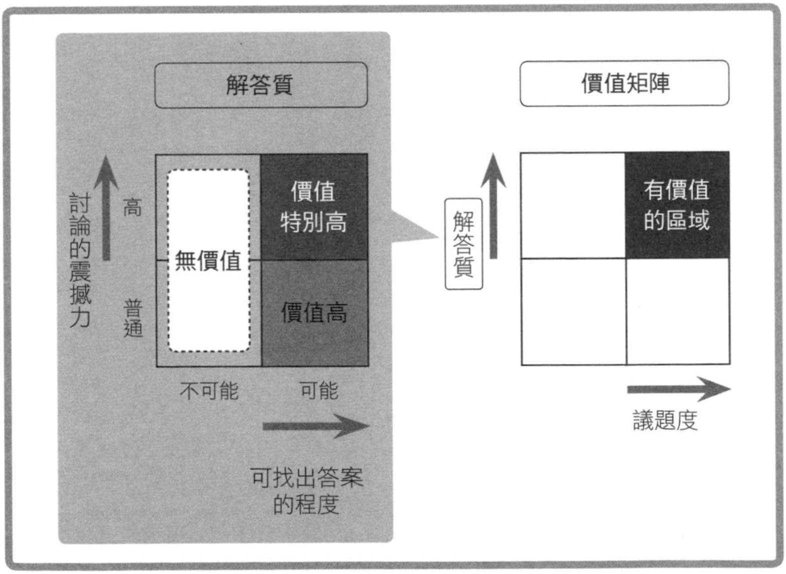

第五章

訊息思考

——統整「傳達訊息」

（前略）科學分為好科學與壞科學。（略）進行各種為數眾多的實驗，即使從新的結果一次又一次發現新現象，並記載其多樣且複雜的內容發表為論文，卻反而導致難以確切掌握本質的結果，這樣的情況屢見不鮮。可是，當然也有人總是有意識地想要從進行多樣又複雜的實驗當中，找出所隱含的某些簡單的本質、新的思維或理論，當這樣的做法成功的時候，才是科學真正的進步（略）。

——野村真康引述自詹姆斯．沃森（James Watson）

野村真康：分子生物學家，加州大學教授，美國科學研究院會員。
詹姆斯．沃森：分子生物學家，一九六二年諾貝爾生醫獎得主。引述摘自《浪漫科學家》，井川洋二編，羊土社出版。

接下來，將說明實際整理論文或準備簡報時的細節，希望就算沒有做簡報或寫論文的人，也可以瀏覽一下。

展現本質和簡單

終於到了最後收尾的階段。找出議題，並已循著基於議題的故事線完成分析和驗證，就剩下整理成某個形式，得以將議題的相關訊息強而有力地傳達給人。

這正是我稱為「訊息思考」的本章摘要。接在假說思考、成果思考之後，屬於用以快速提高議題解答質的「三段式火箭」中的最後一段。

一鼓作氣

如果依照目前為止所介紹的方法，進行正確的討論後，解答應該已經提升到達相當的品質才對，在這個步驟就將它一口氣完工，端出成品。在這裡加把勁，即使相同的內容也可以變身成為更強而有力的輸出。

在著手進行統整作業之前，要先描繪「當達成什麼樣狀態的時候，算是計畫的終點？」這種具體的意象，並不是單純只要做出簡報資料或論文就足夠。

在此之前描述的目標在於有價值的輸出，而且是「議題度」高、「解答質」也高的輸出，且單憑該輸出的成果就足以令人留下深刻的印象，讓大家認同其價值，而產生真正有意義的結果，這正是本章的內容訊息思考，也就是最後一個步驟結束後，我們希望達成的終點目標。為了達成上述目的需要什麼條件？希望各位再次深入思考。

結果報告最終輸出的形式，在商業界大多是簡報，而以研究來說是則以論文的形式居多，這些都是為了填補自己與聽眾或讀者之間的落差。最理想的狀態是在聽眾或讀者聽完或讀完時，接收者與發表者將擁有相同的問題意識，並贊同其主張，甚至同樣對結果感到興奮。因此，需要接收者達成下述狀態：

1. 了解正在處理的課題是有意義的

2. 了解最後的訊息
3. 贊同訊息並付諸行動

那麼，究竟該設想會想聽或想讀我們傳達資訊的接收者是哪些人呢？

在我一開始接受訓練的分子生物學領域中，每當演講與發表的時候，就需要做好「德爾布呂克的教誨」（馬克思．德爾布呂克（Max Delbrück）是使用噬菌體（Phage）進行研究的遺傳學者，一九六九年諾貝爾生醫獎得主）的心理準備。這不限於科學領域，只要是想傳達智慧給他人，同樣都屬於有價值的教誨。什麼是「德爾布呂克的教誨」？說明如下：

其一，認為聽者（訊息接收者）對這個領域完全不熟悉

其二，設想聽者具有高度智慧

無論談論什麼話題，都以訊息接收者沒有專業知識為基礎思維或前提，或者相信只要傳達從議題的共有開始，到最終結論以及其中意涵，也就是做好「確實的傳達」，對方一定能

了解。基本上將訊息接收者設想為「智者無知」。

加上由開始貫徹到最後都維持「從議題開始」這個策略，而且發表的內容（發表或論文）中充滿「要對什麼找出答案」的意識感，將可以簡單而毫不費力地提高訊息接收者的問題意識，讓訊息接收者的理解度大幅提升。另一方面，議題愈模糊將使訊息接收者的注意力愈分散，造成理解度下滑，結果將離所希望的結果愈來愈遠。本書從一開始就以所謂「要對什麼找出答案」這個議題觀點，抱持明確的目的意識一路前進至此，而這個步驟正是其集大成。

在「從議題開始」的世界裡，不需要「感覺有趣」或「認為好像重要」。只要有「真的有趣」或「真的重要」的議題就夠了。也不需要弄得很複雜，並完全屏除會讓注意力分散或模糊不清的訊息。不再有白費工的部分，且讓流程與構造都很明確。

在訊息思考，也就是這個最後收尾的階段，以「本質」和「簡單」這二個觀點進行琢磨。首先，推敲故事線的結構，並且仔細檢驗圖表。接下來，介紹其重點。

推敲故事線

三個確認程序

首先，以循著議題的訊息是否完整傳達的觀點，推敲故事線的結構（【圖表46】）。

具體來說有三個程序。

1. 確認邏輯結構
2. 琢磨流程
3. 準備「電梯簡報」

接下來介紹各程序的重點。

【圖表46】 推敲故事線的三步驟

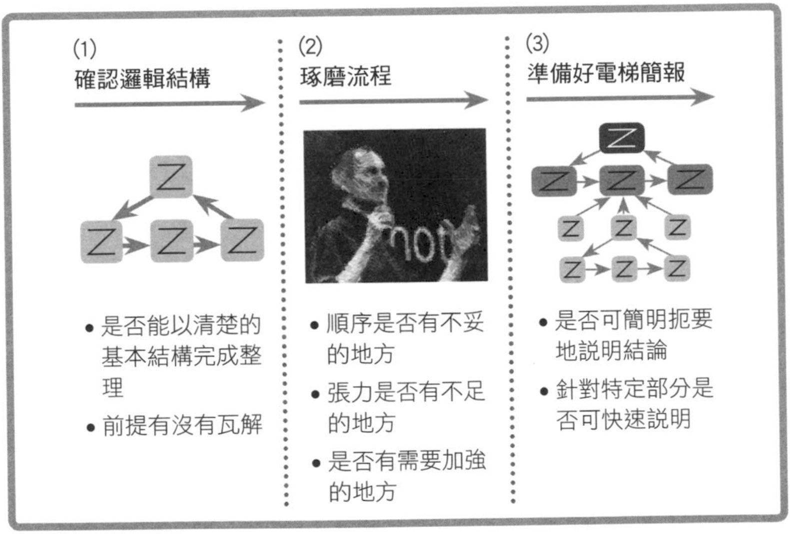
(1)
確認邏輯結構
Z
Z
Z
Z
• 是否能以清楚的基本結構完成整理
• 前提有沒有瓦解
(2)
琢磨流程
not
• 順序是否有不妥的地方
• 張力是否有不足的地方
• 是否有需要加強的地方
(3)
準備好電梯簡報
Z
• 是否可簡明扼要地說明結論
• 針對特定部分是否可快速說明

程序① 確認邏輯結構

在一開始要進行的是確認基本的邏輯結構。

只要按照本書之前介紹的方法，議題以及支持議題的次要議題應該都很明確，用於驗證那些議題的故事結構應該也是確實地組成金字塔型。在分析和驗證結束之後，在大致完成的時間點再確認一下個別的圖表結構。

如同在解說故事線的段落中所說明的，結構應該是採取製作故事線的模具（詳見第二章）：「並列『為什麼？』」或「空、雨、傘」，以其中一個方式將結論統整為金字塔結構，首先要確認以哪一個結構可以清楚整理出最終情形。

如果採取「並列『為什麼？』」的方法，就算並列的理由中一個理由瓦解，大部分情況也不至於遭到破壞性的影響。如果是「空、雨、傘」，若前提「空」（也就是確認課題）瓦解，或承接該前提的「雨」（也就是深掘課題）在洞察的見解上有大型的偏差時，對於「傘」（也就是做出結論）整體的訊息都會有很大的影響。請重新檢視整體的結構，同時刪除結構上不需要的部分。有時候，當以「空、雨、傘」難以整理時，就要思考是否可以轉換成「並列『為什麼？』」（也有相反的解決方式，可是，能夠反過來處理的情況很少）。無論在「並列『為什麼？』」或「空、雨、傘」任一個結構中，都要確認身為關鍵的洞察或理由彼此獨立、互無遺漏。

當分析、檢查的結果會影響整體訊息時，請確認是否有需要重新檢視整體故事線的結構。原本就有意識地針對該找出答案的議題進行所有的作業，所以就如同之前所描述的，各個次要議題的分析結果就算是意料之外的結果，也自然有其意義。反而可以說誰也沒預料到的結果才更可能可以帶來震撼力。在第三章的開頭中曾引用費米的話，只要抱持當假說瓦解時，將其視為「新發現」的心態就可以了。

至於整體流程或用於比較討論的架構，建議將這些內容也整理成圖比較好。可是，請儘量把作為整體結構的架構只留一個，因為在腦中同時有很多個架構，在聽取簡報或讀論文時，會降低接收者的理解度。

而且，如果在確認邏輯結構的這個階段，出現成為關鍵的新概念時，可以賦與「原創的名稱」。時常可見用舊的說法做說明而引起很大誤解的情況。

例如豐田汽車為自家公司的生產方式的工具取名為「看板」（Kanban），奇異（GE）

將經營整體流程的改革方法命名為來自品質管理的名詞「六標準差（six sigma）」。結果，這些概念都普及到成為寫入教科書中的程度。當然，命名的情況請鎖定在具有相當意義的場合，這也是很重要的事情。

程序② 琢磨流程

確認過成為故事線基礎的邏輯之後，接下來要確認的就是「流程」了。

所謂優秀的簡報，不是指「從一團混亂當中浮現出一幅圖畫」，而是指「從一個議題陸陸續續擴展出成為關鍵的次要議題，思考在不迷失流程方向的情況下也跟著擴展開來」。請將目標鎖定在這樣的形式，在明確的邏輯流程中能顯示出最終訊息就更理想了。

若要琢磨整體的流程，建議採用一邊彩排、一邊整理的方式。我通常使用以下的二個階段進行彩排：一開始用「看圖說故事形式的初稿」，接著用「以人為對象的細膩定案」。

「看圖說故事形式的初稿」可以單獨自己一個人進行，也可以請團隊成員在旁邊觀察。圖表先準備齊全，一面翻頁一面說明，並逐步修正整體說明的順序及訊息的強弱。像這樣彩排，馬上就知道順序不妥、張力不足的地方、以及需要加強的地方。在流程上會造成問題的圖表，可以大膽地刪除。因為原本的邏輯結構很堅強，所以少部分的改變，並不會造成故事線或整體訊息的瓦解。

當「看圖說故事形式的初稿」結束之後，接下來就是找來聽眾，進行與如同正式上演般的預演，完成細膩的收尾。愈簡樸的問題就愈重要，所以聽眾的最佳人選是對計畫的討論主題及內容未直接了解的人，建議找會提出具建設性意見的知心好友來當聽眾。像是團隊以外的同事或熟人，若屬於普通的內容，應該可以委託家人或男女朋友。若受限於主題無法委託上述這些人，就將團隊成員當成聽眾，請他們提供意見。如果連這樣的方式都無法進行，就自己一個人單獨向牆壁說明，並錄影下來，再回頭看自己的表現，也可以達成相當程度的琢磨功效。可能也有很多人會反感，但用於找出不自覺的壞習慣或令人難懂的迂迴說法，實際上很有效。

如果邏輯的結構和分析及圖表的表達明明很清楚，在彩排時卻難以說明時，很可能故事線的流程中混雜有多餘部分。並且，也要小心在說明上容易招來陷阱或誤會的表達。請聽者針對「是否好懂」以及「聽完之後，是否有覺得奇怪的地方」的觀點發表評論。

程序③ 準備好「電梯簡報」

推敲故事線最後的確認事項是準備「電梯簡報」（elevator pitch）。

所謂電梯簡報，就是「如果你和貴公司執行長共乘一部電梯時，你是否能在走出電梯之前的時間內，簡潔地說明負責專案的摘要」。這項技巧在於以二十至三十秒左右的時間，統整傳達複雜的計畫摘要，對於以高階主管為客戶進行工作的顧問，或大型計畫負責人而言是不可缺的技能。就算不屬於上述立場的人，也可以藉由電梯簡報測試出「自己對於這個企畫或計畫或論文真正理解到什麼程度，是否已經能夠可向他人說明甚至推銷」。

這個時候，準備工作已經完成八成了，原因在於在組成金字塔結構的故事線中，結論應該已經排列在最高層，而且如果是採取「並列『為什麼？』」就傳達所根據的「ＷＨＹ」，若採用「空、雨、傘」，只要分別傳達「空」（課題是什麼）、「雨」（對課題的洞察）、「傘」（問題的答案為何）的結論就好。若還在分析或驗證中途，就傳達現在當下的看法。

利用「電梯簡報」，可以讓人了解以金字塔結構統整故事線的優點。因為結論的重點並列在上，下方也以相同結構排列出各項重點，可以根據對象或測驗時間而自由地判斷「什麼內容該說明到什麼程度」。讓對方不會有「看不出結論」而焦躁的情緒，而且可因應對方想要進一步確認的部分繼續擴展或深入（【圖表47】）。

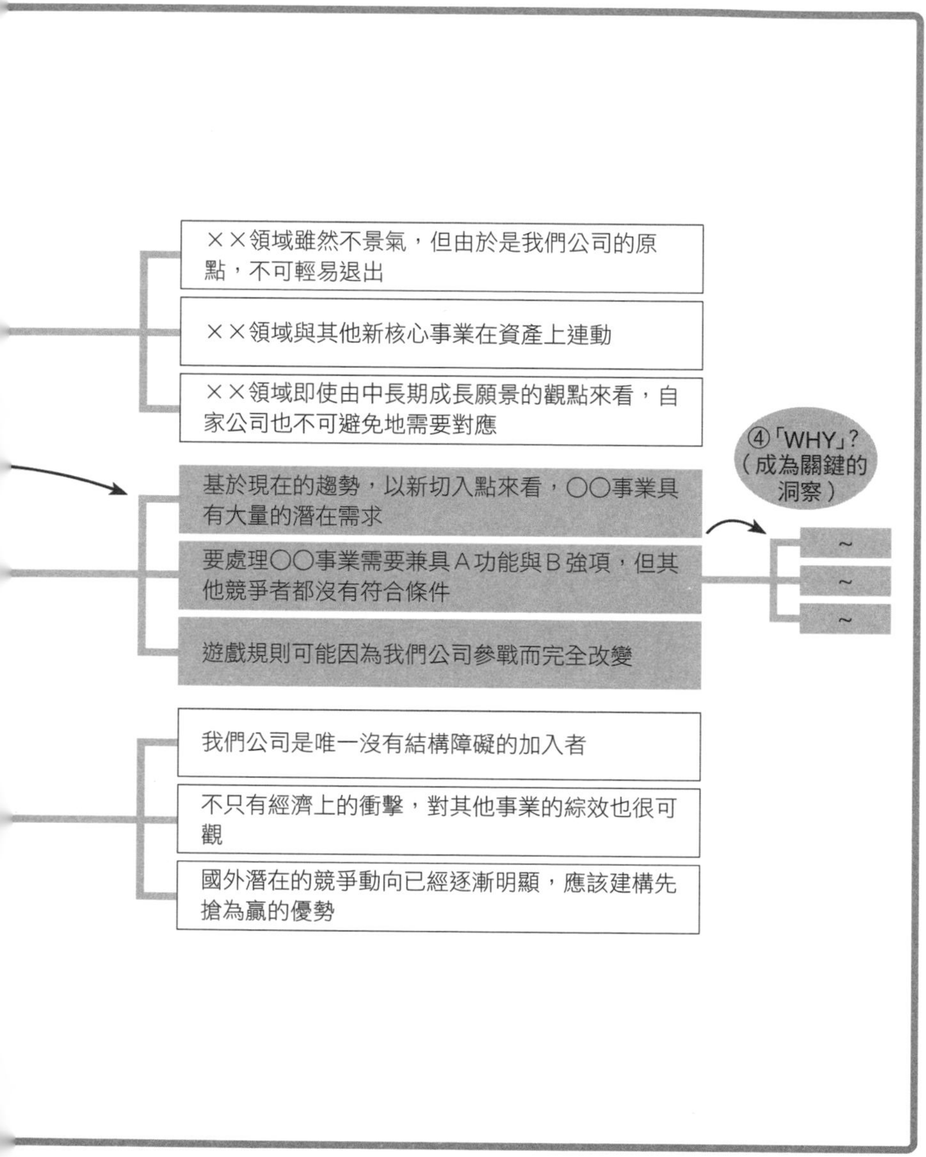
××領域雖然不景氣，但由於是我們公司的原點，不可輕易退出
××領域與其他新核心事業在資產上連動
××領域即使由中長期成長願景的觀點來看，自家公司也不可避免地需要對應
基於現在的趨勢，以新切入點來看，〇〇事業具有大量的潛在需求
要處理〇〇事業需要兼具A功能與B強項，但其他競爭者都沒有符合條件
遊戲規則可能因為我們公司參戰而完全改變
④「WHY」?（成為關鍵的洞察）
~
~
~
我們公司是唯一沒有結構障礙的加入者
不只有經濟上的衝擊，對其他事業的綜效也很可觀
國外潛在的競爭動向已經逐漸明顯，應該建構先搶為贏的優勢

【圖表47】應用金字塔原理進行電梯簡報

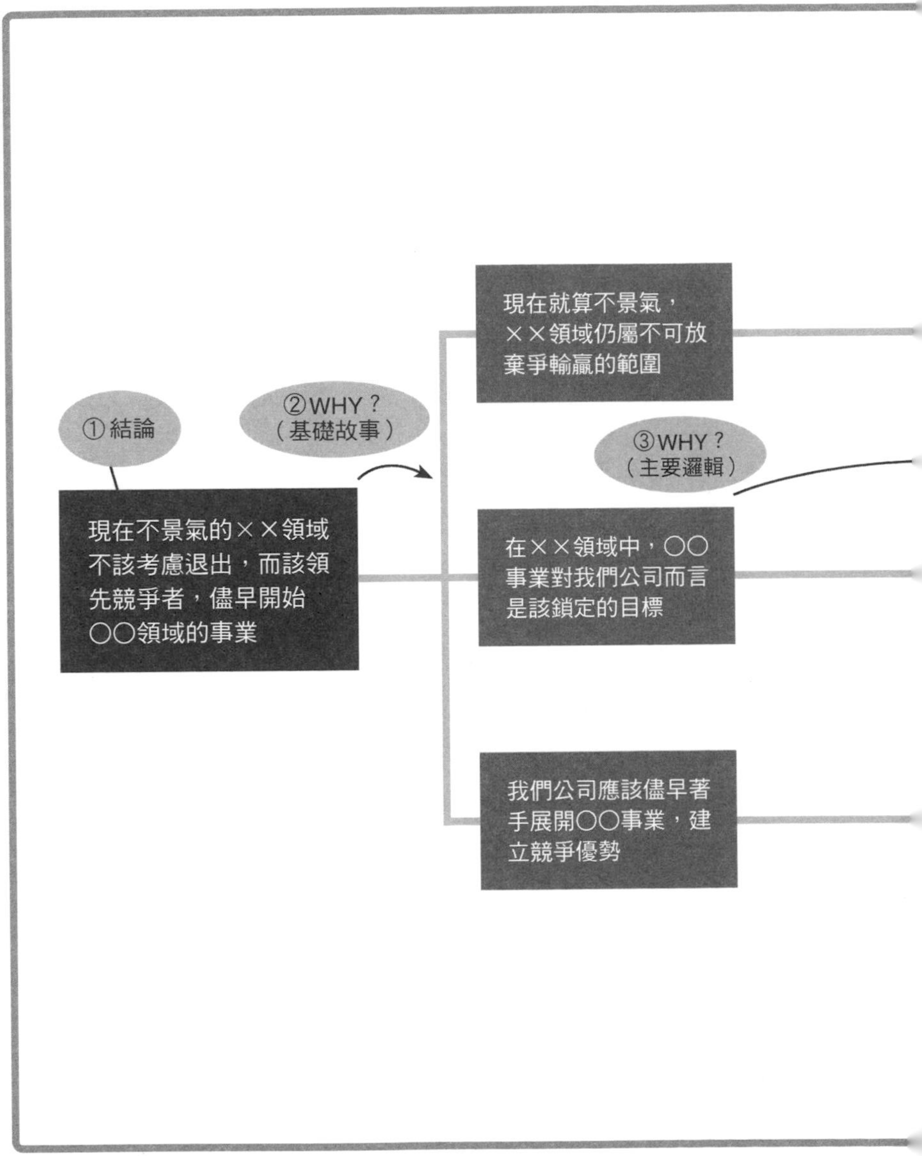

琢磨圖表

這樣圖解就對了！

完成推敲故事線之後，接著就針對各個圖表仔細檢驗。

所謂優異的圖表究竟是什麼樣的呢？在此先複習一下圖表的基本構造。如【圖表48】所示，包含「訊息（message）、標題（title）、論據（support）」這三項要素，圖表最下方一定要標示資訊來源。

為了畫出這些圖表，許多人每天都弄得痛苦不堪，但真正可憐的其實是「那些被迫要看莫名其妙的圖表而覺得痛苦的聽眾或讀者」。所以，為了不要讓人痛苦，就必須確實琢磨圖表、讓訊息明確。就我到目前為止的經驗，我將我認為優異的圖表應該要滿足的條件，濃縮於以下三項：

1. 具備依循議題的訊息
2. （論據部分）往縱向及橫向的擴展是有意義的
3. 論據支持著訊息

也許會有人說「就這樣而已？」但這三項條件只要一項不符合，就會造成致命的後果（【圖表49】）。

「具備依循議題的訊息」如同字面所述，圖表傳達的內容必須完全符合議題，這其實也是理所當然的事情。像是因為「資料很有趣」而製作訊息

【圖表48】　圖表的基本結構

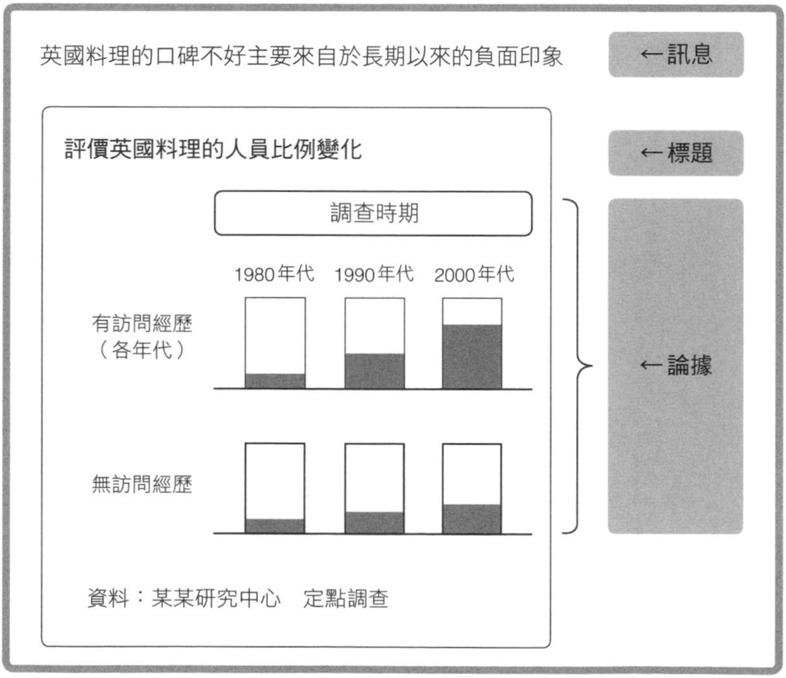

不清楚的圖表，就免了吧！一路讀到這裡的讀者，想必馬上就會了解這個條件的重要性了吧？

「（論據部分）往縱向及橫向的擴展是有意義的」這句話，也許聽起來有點難懂，不過，這是本書一直以來所描述的重要精華「分析就是比較」的直接展現。若想要以強而有力且分析型的方式支持訊息，圖表的「縱向」及「橫向」的各軸向擴展都必須具有意義。

「論據支持著訊息」本身

【圖表49】 好圖表的三要件

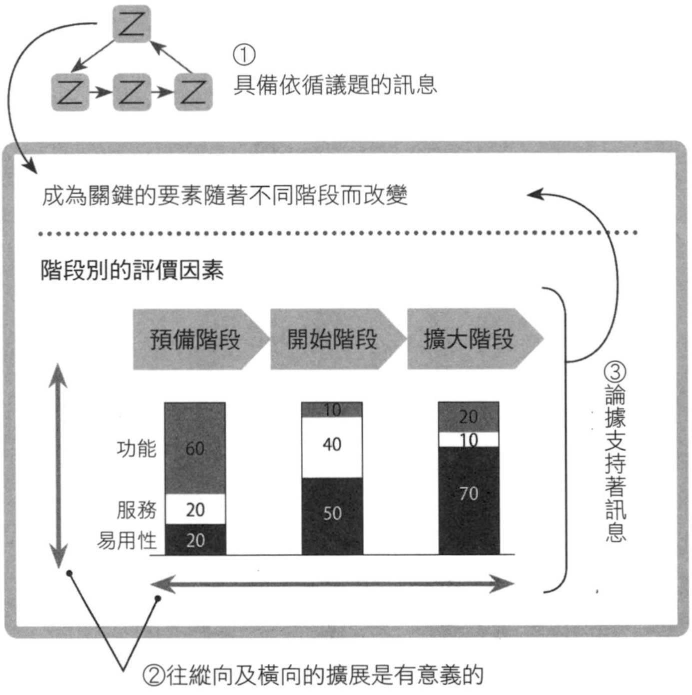

就很清楚，是很重要的確認事項。不要說無法斷言的事，想要說出來的訊息就要準備好適切且符合的論據。這不僅是自身邏輯思考力的問題，也是道德上的問題。

若是接受嚴格審查的學術論文中，只要是論據可疑的資料或圖表，應該就無法通過審查吧？但在其他場合，倒是有不少這樣的圖表可以插花的機會。在商業界中，可以斷言沒做過這類「為了圖自己方便」圖表的人反而少之又少吧？我所指導的團隊也時常出現落入這個陷阱的情況，沒有相當程度的叮嚀，就有可能會疏忽。放眼看看自己週遭充斥著所謂的「圖表」，你會發現，滿足這三項條件的實在很少。

光是符合這些條件，就可以讓圖表如同變身一般，變得具說服力又淺顯易懂。

為了琢磨圖表，要進行以下三項工作以對應「優異圖表的三項條件」。

1. 徹底落實「一圖表一訊息」的原則
2. 琢磨縱向與橫向的比較軸
3. 統一訊息與分析的表達

接下來，分別詳細介紹。

訣竅① 徹底落實「一圖表一訊息」的原則

琢磨圖表時，一開始要進行的是確認是否有依循議題的明確訊息。在簡報中常可見到用大型字體寫著「最近的動向」或者「業界的動向」這類主詞和動詞都不清不楚的標題，根本稱不上是訊息，甚至什麼都不是。應該要將「這個圖表想傳達的是什麼？」落實成文字或語言。

到這個收尾的階段，不只是「要說什麼」很重要，就連「不要說什麼」也變得很重要。在此，也包含全球設計界流行的極簡主義，讓和風美學廣為人知，如同浮世繪或枯山水的庭園，鎖定焦點，大膽砍除與主幹無關的部分，以避免讓分支雜葉型的小論點混淆了重要的論點。

然後，確認每個圖表是否真的分別只含有一個訊息，以及該訊息是否正確地與次要議題連結。當有二件以上的事想說的時候，就分開成二個圖表。應該很有內容的圖表，卻無法一目瞭然時，通常是有複數訊息混雜在其中。如果是單一訊息，所強調的地方或比較的重點都很明確，但在加入二個以上訊息的瞬間，整體就變得一團模糊而難以分辨。只要徹底執行「一圖表一訊息」，就可以馬上將一個個圖表全都變簡單。

從人看見圖表，到做出「了解」或「有意義」的判斷之間的時間，就經驗上來說，長約十五秒，大部分是十秒左右。我將這段時間稱為「十五秒法則」，人們是以這個十幾秒的時間在判斷「要不要仔細讀這份資料」的。也就是說，「第一眼」如果沒有掌握好，有圖表也等於沒有。

在大型計畫中，進行整體綜合價值判斷的人，不論是經營者或論文的審查委員，幾乎都是很忙碌且對自己很有自信的人。當連續看幾張判斷為「沒有意義」的圖表後，他們馬上會關閉心房，然後視線下移，眼中的光芒盡失，就此比賽結束。

試著向周遭的人說明個別的圖表，只要稍微覺得「這個不好說明」，或者「這個難以傳達」，就要考慮重新檢視修改。再次重複，在這裡一開始該思考的是，是否遵守「一張圖表傳達一個訊息」的鐵則。

我在美國做研究的時期，當時很照顧我的教授，曾對我說過一段話，至今仍非常受用：「無論什麼樣的說明都要儘可能簡單化，即使如此，別人還是會說『聽不懂』。而且，當自己不能理解的時候，就會覺得製作圖表或說明內容的人是笨蛋。因為，人絕對不會認為自己的頭腦不好。說到底，這些人認為『千錯萬錯都是別人的錯』。」

訣竅② 推敲縱向與橫向的比較軸

徹底執行「一圖表一訊息」之後，接下來，就要推敲縱軸與橫軸的比較。

優異的圖表除了處理的是明確的議題和次要議題之外，還需要完成明確的比較以找出答案。也就是在縱向及橫向的擴展中，存在與驗證議題連結的清楚意義。人在看圖表的時候，一開始映入眼簾的是訊息及整體的模式，其次才是用於解讀該模式的縱軸與橫軸。即使處理的是正確的主要議題及次要議題，如果沒有選對適當的軸用以分析，該分析本身就注定失敗了。

我認為，以我目前的經驗來看，世上所有的圖表至少有一半，問題就出在這個「軸」上。為了避免這種情況再出現，我們該怎麼做呢？

▼公平地選擇「軸」

例如想要買中古數位相機，看到評價為「無刮痕且價格合理」的相機，但是電子系統有異常，任誰都會生氣地說「這是詐欺」吧？可是與此相近程度的是，有許多圖表只挑對自己有利的軸，結果失去說服力。想要傳達訊息，將所有需要的比較軸都列出來是很重要的。

例如比較事業選項時，如果有些只看成功時的結果與機會，卻沒有討論實際從事所可能遇上的瓶頸，造成某些圖表中軸的選擇偏頗而無法正確比較，將完全失去簡報本身的可信度，絕對要避免這種情形發生。

▼讓軸的順序具有意義

在公平地選擇軸之後，也必須要讓軸的順序具有意義才行。只是將單純用字母順序排列的圖表，改成用「由大到小」或「發生時間」等具有意義的觀點重新排列，將會讓人眼睛為之一亮，瞬間變得明瞭易懂。在沒有數值的定性分析的圖表中，這個部分尤其重要。只要看這個部分的收尾動作，就可以知道是否屬於專業人士（【圖表50】）。

▼整合或合成軸

其次希望小心的是在比較「應該交集的條件」的情況時。這種情況下，要先整理在具實際功能的條件可分為幾種，並以「彼此獨立、互無遺漏」的方式整理用以比較的條件。為軸找到交集以製作共通的軸，藉由將軸整合，原本互相牽連糾結的世界將變成可以簡單做比較的世界（【圖表51】）。

▼重新檢視軸的切入點

如果分析的結果不能連結上明確的訊息，大多數的原因是資訊的切入點中含有雜訊。如果內心有猜想到可疑的條件，有時候將它們交集，就可以讓軸變得清晰（【圖表52】）。

如果試過無效，視情況而定，有時也需要重新檢視軸的基本單位。例如想要擷取運

【圖表50】 排列組合「軸」的順序進而賦予意義

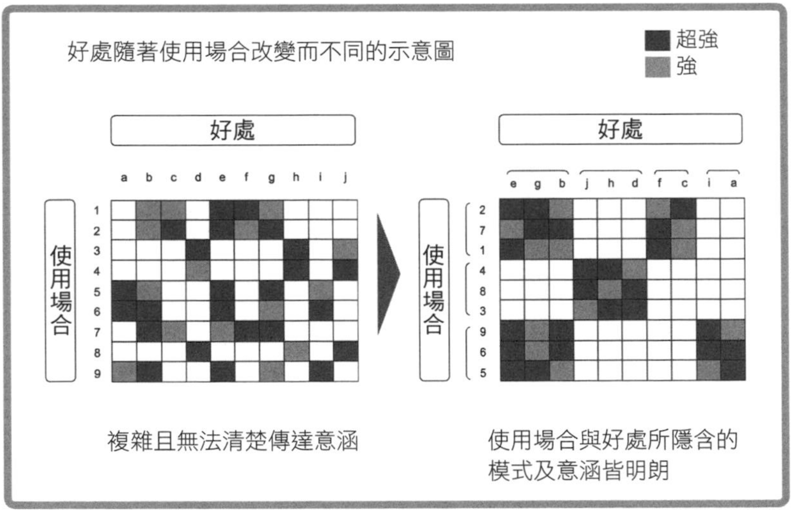

動飲料的市場區塊而以「人的屬性」為軸，知道消費族群偏向「時常運動的人」和「年輕女性」，但卻意外發現「中高年齡層」的消費也很多。想要將屬性集中鎖定於消費最多的階層，但其涵蓋範圍竟然連市場的三分之一都不到，實際情況就是找不到足以說服人的差異程度。

會陷入這種情況最大的原因在於「沒有仔細思考軸的切入方式」。冷靜思考後就會發現沒有「總是只喝相同飲料的人」。早上起床與工作中或念書時喝的飲料會有所不同，而且吃麵包時和吃飯糰時，應該也會配不同

【圖表51】　整合軸、合成軸

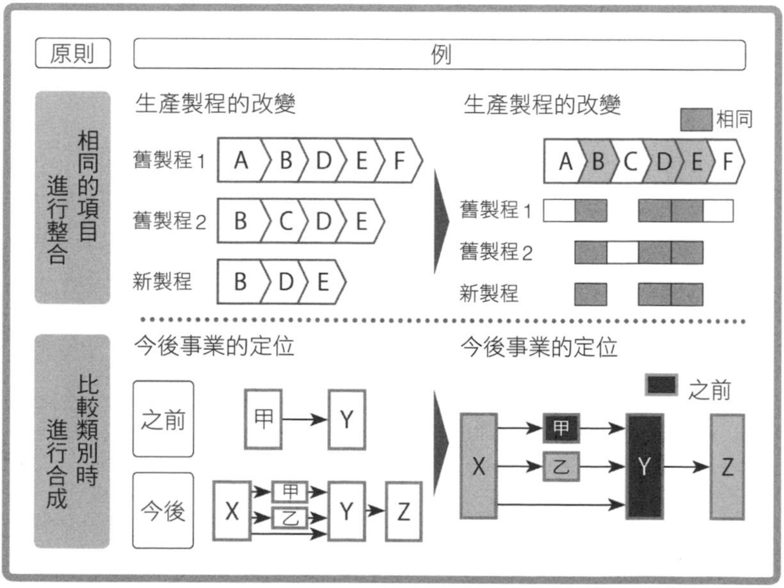

的飲料。於是，可以推想出只要維持將軸以「人的屬性」切入問題，就無法改變出現上述含糊結果的情況。這時候，以喝運動飲料的「情境、場合」為軸的基本單位加以分析，就可以清楚地擷取出所要的市場區塊了（【圖表53】）。

這是我剛開始從事顧問工作時著手處理以「場合（occasion）＝好處（benefit）」的觀點切割市場案例的運用，事實上這個方法非常厲害，在各種的領域中產生出多個暢銷商品。像這樣藉由乾脆大膽地重新檢視並修改軸的切入點，讓分析簡明順暢，意涵清晰可見的例子很多。如剛才所述的例子，思考資料中「混淆」的成分來

【圖表52】 重新檢視軸的切入點（一）：軸的交集

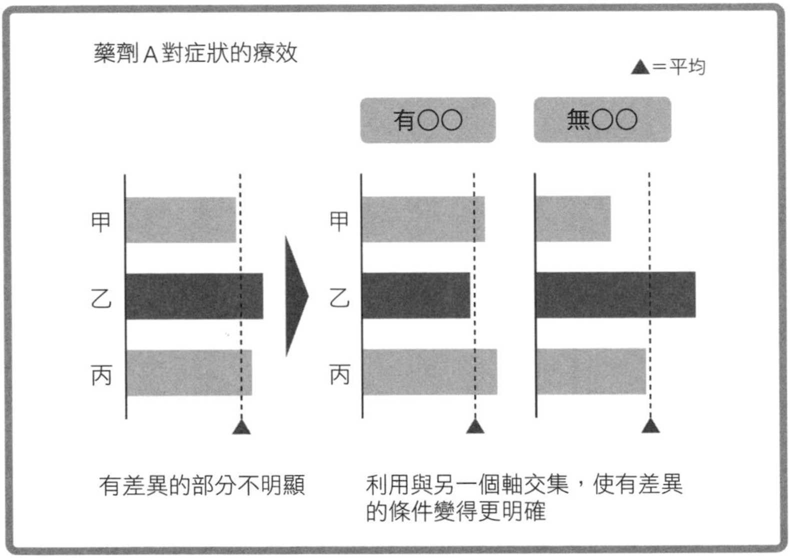

自哪裡，就是其中的第一步。

檢視成為關鍵的分析的軸的實際做法分述於第二章（組排故事線）或第三章（製作連環圖），只是多少總會有些實際上沒有分析結果就無法知道的情況。這時候，就由第四章（產生輸出）提升循環次數或由這裡所述的最後收尾階段加以解決。查明議題、分析議題、驗證假說這整體循環需要儘快繞完一圈之所以重要，其實還有一個原因，在此說明。

訣竅③　統整訊息與分析的表達

徹底執行「一圖表一訊息」，推敲縱向與橫向的比較軸之後，圖表的琢磨也進

【圖表53】　重新檢視軸的切入點（二）：重新檢視基本單位

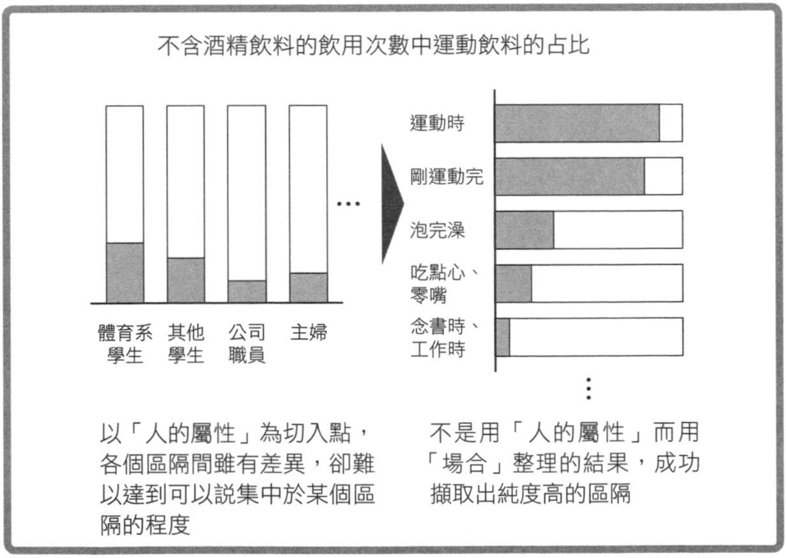
不含酒精飲料的飲用次數中運動飲料的占比
體育系學生
其他學生
公司職員
主婦
運動時
剛運動完
泡完澡
吃點心、零嘴
念書時、工作時
以「人的屬性」為切入點，各個區隔間雖有差異，卻難以達到可以說集中於某個區隔的程度
不是用「人的屬性」而用「場合」整理的結果，成功擷取出純度高的區隔

入收尾階段，最後就要仔細研磨依循訊息的「分析的表達」。以這個分析（論據）來查驗是否可明確驗證該訊息。

在此嘗試由表達層面修改為充分展現差異程度的方式。如第三章所述，即使是相同「結構」的圖表，也存在許多表達方法。所以要以找出最好懂的形式為目標，嘗試各種的表達方法，思考現在的表達是否真的恰當。

例如就算當初打算藉由「差異程度的實際數值」來表達，如果該差異已經到達好幾倍的程度，以「基礎數量的幾倍」的呈現方式會比較容易理解（【圖表54】）。

有些時候重新檢視「軸的刻度」就能

【圖表54】 比較表達的二種模式

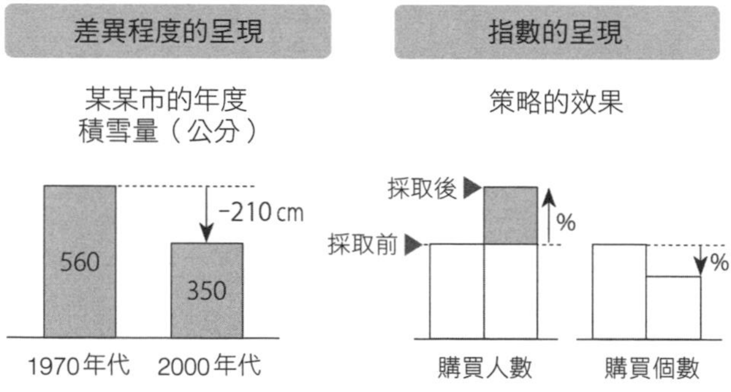

適用的情況

- 差異程度的大小本身就具有意義
- 單位（結果的比較軸）統一

適用的情況

- 相較於差異程度的數值，變化的程度更具意義
- 單位相異的資料需要評估

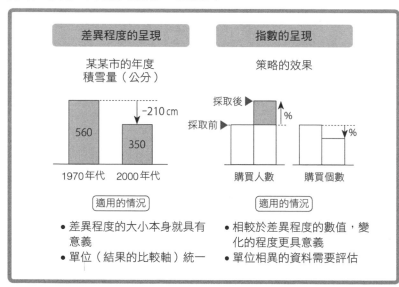

讓訊息變得明確。例如觀察某商品的使用顧客數與營業額的相關關係，在大多數的情況中「八十／二十法則」（八成營業額仰賴全部顧客人數中的兩成）都會成立，但也不見得每次都會是這樣的結果。不具有任何成見，針對「真正的刻度在哪一帶」直接觀察資料後確認。

就我的經驗而言，實際調查之後，也有些市場是「僅百分之一或二的消費者就占了八成的營業額」。在這樣的情況下，對於要強調的部分下點工夫，就可以讓分析的印象或給人的震撼力大大不同（【圖表55】）。

擁有假說，製作連環圖並經過分析及

【圖表55】 重新檢視軸的刻度

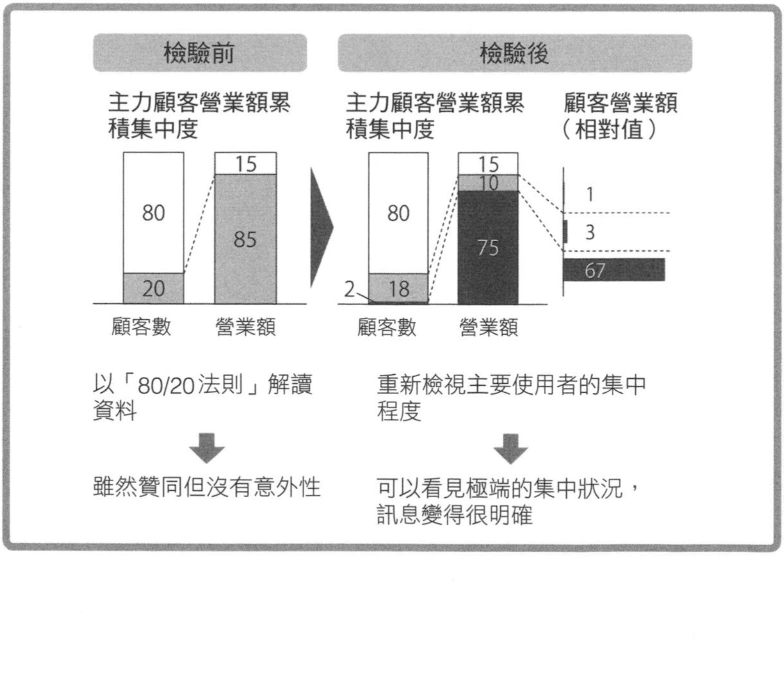

驗證，結果與所預想的並不會完全一致。這是很普通的情況。那個微妙的差異本身就成為寶貴的資訊。以依循議題的形式讓訊息明確化，並加上這些資訊逐步推敲、琢磨分析的表達。結果不再是單純的蒐集資料，真正用於傳達某種內容的圖表由此誕生。

一路來到這裡，訊息思考的步驟也介紹完畢了。請各位讀者再次找個對象試著進行簡報吧！如果這次沒有問題，所有工作就算結束了。

【作者的提醒】

「完成工作」吧！

我目前在大型ＩＴ企業從事各種經營課題的相關工作。有時候我自己直接解決問題，也有時候聽成員們的課題或煩惱後整理重點。

我時常被問道：「以前當科學家和管理顧問的經驗，對你現在的工作有什麼幫助嗎？」其中一個優點，就是在本書中貫穿全文所傳達的「從議題開始」思維，及利用該思維的行為模式以及該思維結果造就的問題解決力。

顧問工作相對於所獲取的高報酬，必須確實產生變化，讓客戶高興。與科學家同樣屬於在有限的時間內確實產生結果的工作。無論哪一個的工作性質都是如果對於結果沒有強烈自我驅策，就無法樂在其中。報酬只是年薪，在「責任制」這種概念的世界裡，如果不這麼想，最糟的情況將是淪於如同奴隸般的生活。

如母親般培育我的公司之一的麥肯錫，有一項指導原則，不曉得該稱它為「教條」？還是稱為「信條」？總之，很難形容它等同一個國家「憲法等級」的地位，這句話就是：「完成工作（Complete Staff Work）」。

意思是指「無論在什麼情況下，一定要盡力完成自己身為員工被賦予的工作」。當我身為專業工作者時，這句話經常強烈地對我發揮耳提面命的作用。

在專業人士的世界裡，「努力」無法得到肯定，雖然處理相當棘手的工作後，可能多少會獲得一些感謝，但前提是在最後產出圓滿的結果；說穿了，最重要的是交出有價值的成果，努力只不過是獲得肯定的輔助，用於強調「工藝的細緻度」罷了。即使光是一個分析，只要當時處理的主要議題或次要議題有一個找不出答案，無論之前在那裡投入多少時間，全都沒有意義。從讓客戶或自家公司浪費許多寶貴的時間與金錢的觀點來看，反而是罪過。

所有的工作，交出成果才是一切，如果當成果無法達成某程度的價值時，那個工作就不具任何價值，大多數的時候甚至會「幫倒忙」。因為這份嚴謹的工作態度當時就已深植我的腦海、進入我的體內，甚至到深入骨髓的程度，所以，我真的非常感謝麥肯錫。

為了要「完成工作」可能會有想要賣命的感覺，但賣命本身，並沒有任何意義。請不要再相信「沒功勞也有苦勞」，認清殘酷的現實才讓我們從有限的時間中解放，而給予我們真實的自由。

支持並鼓勵我們的並不是「來自別人的稱讚」，而是「交出的成果」。交出的成果確實引發改變、讓人高興，這就是最好的報酬了。當事情順利進行時，我感覺到的與其說是「高興」，不如說是「放下一顆懸著的心」。實現答應客戶及自家公司價值的承諾，這本身就形成無法言喻的成就感。

這個價值的產生就根源於「從議題開始」的思維，就是脫離事倍功半「敗犬路徑」的想法。只要能確實擁有這個思維，我們的生活會大幅地變得輕鬆許多，而且每天都非常充實，每一天所產生的價值都不斷地持續增加。

最後，希望與各位共享以上的心得。

後記

從累積小成功開始

即使在我轉換事業跑道的現在，對公司內我所負責的專案小組或我們部門的新進人員，我常有機會直接告訴他們本書所介紹的內容。

目前我所面對的年輕朋友背景或經歷大不相同，我常讓他們一邊共同解決符合公司現狀實際策略的例題，一邊傳達本書所介紹的思考方式。研修結束之後，我常收到如下的感想：

「我以前都在思考『該如何解決眼前的問題』，但是，現在我已經充分了解，在解決問題之前，首先『必須先從查明真正的問題開始著手』才行。」

「之前我進行上天下地的調查，結果卻時常搞不清楚到底是什麼跟什麼，現在，我終於知道那就是名為『蒐集過頭』的毛病。」

「我發現我以前的做法，都屬於事倍功半的『敗犬路徑』。我覺得往後我處理工作的心態會有很大的轉變。」

「不是單純的問題就可以當議題，聽到『必須清楚判斷出是非黑白的才是議題』的說法，我才恍然大悟。」

另一方面，也有如下的感想：

「我了解『議題』（issue）很重要，只是現在我還不確定自己所看見的究竟是不是議題。」

「我想，內容很有道理，但是，我覺得自己並沒有真正吸收並且透徹了解。」

對於有這樣想法的人，我會告訴他們：

「我現在已將『交出高價值成果的生產技術』的簡單本質，竭盡所能地傳達到很深入的程度。接下來，應該就只能靠你自己去體驗，除此之外，沒有其他方法了。」

畢竟沒吃過的東西，無論讀幾本書或看多少介紹的影片都不會知道它的味道。沒騎過腳踏車的人，永遠無法了解騎腳踏車的感覺。沒談過戀愛的人，永遠無法了解談戀愛的心情。探究議題，也與這些事情的道理相同。

面臨「某個問題一定要解決」的情形時，不能只靠理論，還要根據之前的背景與狀況，靠著自己的眼睛、耳朵和頭腦，憑著自己或團隊的力量，去找出「該查明的究竟是什麼？」「該在哪裡做決斷？」這個經驗反覆累積、逐漸學習，才是「從議題開始思考」的不二法門。

如果正在討論的是真正的議題，無論在科學界或商業界，確實進行新的判斷，就會根據該結果前進到下一個課題或者引發明確的變化。那可能是前進到下一個步驟，也可能是之前看不見的新議題得以顯現出來。可能也會有來自周遭人感謝說「之前模糊的部分都消失，瞬間打開了視野」。這時候，你就知道你已經清楚掌握有意義的議題了。在每天的工作或研究中，如果覺得「這個工作，真的有意義嗎？」就先停下來看看，然後從詢問「這真的是議題嗎？」開始。

回想起來，我本身正是在每天進行這樣的活動當中，一點一滴琢磨出對議題的感覺。我到現在還記得剛開始進入管理顧問這行時，我問「那真的是議題嗎？」，而團隊的負責人回我「這是非常好的問題喔！」時，讓我雀躍不已。希望各位讀者也從每天抱持小疑問，並且逐漸累積小成功開始。

前述「沒有親身體驗，就無法真正了解」，可能有人會問「那麼，這本書又是為了什麼而寫的呢？」

在日本，我覺得大家幾乎都出書介紹關於邏輯思考和解決問題的新工具，但是，卻缺乏本質上關於「交出高價值成果的生產技術」的討論。希望本書可成為生活裡或職場中大家一起討論的基礎與實作根據。

尤其當多數人主張「努力工作，就算沒功勞也有苦勞」的「敗犬路徑」信徒，在那些沒有可靠的商量對象的工作者窮忙到崩潰之前，希望本書可以刺激他們「思考」。希望各位讀者並不是因為解決煩惱，而是為了主動思考而閱讀本書，無論規模大小，在完成克服一個經統整的專案或計畫時，再次瀏覽這本書，相信將又會有一番不同的發現。

本書中介紹的思考方式多少可以改善各位生活的品質，若能藉此讓愈來愈多的人脫離事倍功半的「敗犬道路」，即使多一位也好，那將為我帶來無上的喜悅。

最後，感謝讀者閱讀本書。並且對於讀到最後的讀者們，再次由衷感謝。

二〇一〇年　寫於目黑區東山自家中　kaz_ataka　安宅和人

致謝

因為我寫的部落格才有本書的誕生，所以，首先我要感謝當初強烈推薦我寫部落格的麥肯錫前輩石倉洋子教授（一橋大學教授），以及看到部落格而提議寫本書，並一路很有耐心地配合我，幫我彙整的編輯杉崎真名，在此致上由衷的感謝。

麥肯錫的前同事，目前在紐約從事律師活動的藤森涼惠幫我看了原稿，並給予我諸多難得的建議，在此致上最深的感謝。

還有，本書是因為之前培育我的許多人，最後產生的成果，包含研究室的研究夥伴們、職場前輩們、團隊成員們以及後進員工們。更要感謝平日以工作給予我諸多鍛鍊的客戶們，這本書的內容都反映出我與各位的對話。

其中，還要感謝在東京大學應用微生物研究所（現為分子細胞生物學研究所）從頭開始教導我「科學是什麼？」的大石道夫和山根徹男兩位老師，以及麥肯錫的恩師們，包括大石佳能子、大洞達夫、田中良直、宇田左近、上山信一、山梨廣一、橫山禎德、平野正雄、門永宗之助、名和高司、澤田泰志等，還有要特別感謝留學耶魯大學期間的恩師賴瑞・柯恩（Dr. Larry B. Cohen）、湯姆・休斯（Dr. Tom Hughes）、佛瑞德・席格沃斯（Dr. Fred Sigworth）、詹姆斯・豪（Dr. James Howe）、文森・皮耶里朋（Dr. Vincent Pieribone）。

另外，如果沒有日本雅虎股份有限公司社長井上雅博、營運長喜多埜裕明、總經理藤根淳一的諒解，本書就無法執筆與發行。我非常慶幸身為日本雅虎員工的同時，也能出版這樣一本書，心中充滿感謝。

最後，我想要感謝讓我在周休假期專心寫作，且持續支持我的愛妻和愛女。

（按：本書完成於二〇一〇年，書中出現的職稱皆為當時的頭銜）

圖表索引

專有名詞譯名對照

（按：頁碼為首次出現在本書中的位置）

國家圖書館出版品預行編目資料

議題思考：用單純的心面對複雜問題，交出有價值的成果，看穿表象、找到本質的知識生產術／安宅和人著；郭菀琪譯. -- 二版. -- 臺北市：經濟新潮社出版：家庭傳媒城邦分公司發行, 2019.04
面；　公分. --（經營管理；155）
譯自：イシューからはじめよ：知的生産の「シンプルな本質」
ISBN 978-986-97086-7-8（平裝）

1. 企業經營　2. 策略管理　3. 思考

494.1　　108003778